田林——主编

U0187985

建筑艺术

ARCHITECTURAL ART

第一辑

Volume

1

文化艺术出版社

Culture and Art Publishing House

图书在版编目（CIP）数据

建筑艺术. 第一辑 / 田林主编. — 北京：文化艺术出版社，2023.7
ISBN 978-7-5039-7429-8

Ⅰ.①建… Ⅱ.①田… Ⅲ.①建筑艺术 – 中国 Ⅳ.① TU–862

中国国家版本馆CIP数据核字（2023）第093371号

建筑艺术（第一辑）

主　　编　田　林
责任编辑　刘锐桢
责任校对　董　斌
书籍设计　李　响　楚燕平
出版发行　文化艺术出版社
地　　址　北京市东城区东四八条52号（100700）
网　　址　www.caaph.com
电子邮箱　s@caaph.com
电　　话　（010）84057666（总编室）　　84057667（办公室）
　　　　　　　　　　84057696—84057699（发行部）
传　　真　（010）84057660（总编室）　　84057670（办公室）
　　　　　　　　　　84057690（发行部）
经　　销　新华书店
印　　刷　鑫艺佳利（天津）印刷有限公司
版　　次　2024 年 1 月第 1 版
印　　次　2024 年 1 月第 1 次印刷
开　　本　710 毫米×1000 毫米　1/16
印　　张　14.5
字　　数　200千字
书　　号　ISBN 978-7-5039-7429-8
定　　价　98.00元

《建筑艺术》第一辑
编委会

主管主办单位：中国艺术研究院

主　编：田　林
副主编：杨莽华

委　员（按姓氏笔画排序）：

方　拥　王立平　王明贤　王贵祥　刘大可　刘　托　刘临安

刘智敏　孙　华　汤羽扬　吴士新　宋　昆　张大玉　张广汉

张玉坤　张立方　张克贵　张剑葳　张路峰　李永革　李向东

杨昌鸣　肖　东　辛同升　杭春晓　苏　丹　胡　越　赵中枢

赵玉春　郅　敏　徐宗武　顾孟潮　崔　勇　梁　涛　喻　静

韩子勇　赖德霖　黎冬青　戴　俭

编　辑：程　霏　张　欣　郑利军　黄　续　王　阳
翻　译：程　霏
编辑部：中国艺术研究院建筑与公共艺术研究所

党的二十大报告提出"推进文化自信自强，铸就社会主义文化新辉煌"的号召，要求"增强中华文明传播力影响力。坚守中华文化立场……讲好中国故事、传播好中国声音，展现可信、可爱、可敬的中国形象……推动中华文化更好走向世界"。目前，中国建筑文化与艺术正成为决策者、管理者、学者及社会舆论共同关注的焦点，不仅因为中国建筑历史悠久、积淀深厚、技艺精湛、艺术非凡；更重要的是随着综合国力的不断增强，中国式现代化的不断推进，中国建筑面临深刻复杂的环境变革，既有传统文化与艺术复兴的巨大机遇，也有保护、传承、利用、创新等诸多挑战与困难。

在这一关键时期，中国艺术研究院建筑与公共艺术研究所出版《建筑艺术》，旨在提升建筑文化与艺术的学术研究深度，挖掘阐释优秀建筑的内涵和价值，推进公众了解中国传统建筑营造体系及珍贵实例，探索中国建筑文化及艺术的当代复兴之路。

在文化和旅游部、中国艺术研究院的支持与指导下，《建筑艺术》从当代视角出发，在前人研究及新拓资料的基础上，从更广的研究领域探讨和赏析中国建筑文化与艺术，萃取经典案例，挖掘建筑史料，解析营造智慧，提炼艺术特征，揭示中国建筑背后的技艺及审美。

建筑与公共艺术研究所内设建筑历史与建筑艺术研究、建筑遗产保护与非物质文化遗产研究、建筑评论与创作理论研究、城市空间与公共艺术研究四个基本方向。侧重建筑艺术与建筑美学基础理论和中外建筑历史研究，并涵盖文化与自然遗产保护、历史地段与文物建筑保护、非物质文化遗产保护、环境与公共艺术等相关领域的研究。注重以文化视角阐释建筑历史，涉猎文物建筑的保护规划和设计实践，并关注当代中国建筑艺术创作现状和趋向，同时致力于在建筑界与文化界、学术界及社会公众之间搭建起对话的平台和互通的桥梁。

《建筑艺术》注重理工与人文学科的交叉融合，为不同研究视角、学术背景的作者建立起交流平台。征集并收录诸多方向的学术论文，包括但不限于建筑历史、建筑艺术、建筑评论、遗产保护、营造技艺、公共艺术、国家文化公园、学术史、学术动态等。力争在百花齐放、百家争鸣的基础上，突破已有研究框架，建立新时代语境下的建筑文化及艺术认知。《建筑艺术》编委会诚邀有识之士、海内外学者、业内专家，为推进中国建筑艺术研究及文化强盛献力献智，不胜企盼！

田　林

2023 年 7 月

目录

CONTENTS

ARCHITECTURAL
HISTORY
&
THEORY

建筑

艺   术

中国传统建筑的认知功能

刘 托 　中国艺术研究院建筑与公共艺术研究所研究员、原所长

内容提要：中国传统建筑成为中国人认知宇宙、社会、人三者关系的工具，折射了中国人对自然与社会复杂而微妙关系的认知和把握。中国传统建筑呈现出一种与宇宙图像、人伦轨模相互对应的格局与艺术安排。

关键词：传统建筑；宇宙观；风水观

　　1989 年 11 月，联合国教科文组织在第 25 届大会上通过了关于保护民间传统文化的建议书《保护民间创作建议案》（非物质文化遗产保护前身），其中提及的民间创作形式包括语言、文学、音乐、舞蹈、游戏、神话、礼仪、习惯、手工艺、建筑术及其他艺术。2003 年 10 月 17 日，联合国教科文组织在第 32 届大会上通过了《保护非物质文化遗产公约》，其中将"有关自然界和宇宙的知识和实践"列为非遗重要类型或表现形式之一，这些知识与实践反映了某一民族、人群所独有的思维方式、智慧、世界观、价值观、审美意识、行为方式、情感表达等，体现了特定民族、国家、地区人民独特的创造力。

　　中国传统建筑思想和观念是中国传统文化思想的重要方面，反映了中国人对宇宙、自然、人生的认知，具有普遍而深刻的认知功能，具有信息传达作用和文化符号意义。在几千年的发展中，中国古代建筑一直追求空间布局与建筑造型中的理性因素，追求建筑与自然、环境、社会人文的和谐统一。中国建筑艺术的最高境界是追求与天地相融，达到"天人合一"。以周易为代表的阴阳哲学被称为中国传统哲学之母，其核心思想即"天人合一"。所谓"天"，即客观存在的宇宙、自然及其规律。所谓"人"，即主体存在的社会、人

生及其规律。在中国人看来，这两者是互相依存、互相影响、互相促进的，具有同构同源的特征。用现代观点来理解"天"这个客体与"人"这个主体，无论它们多么不同，在发展规律上都是和谐一致的，在哲学的高度上是统一和相通的。

在中国文化中，和谐是美的基础，中国人对艺术中的和谐有着自己特殊的定义，其哲学基础集中体现在儒家"中和"一类的理论中。例如，"中也者，天下之大本也；和也者，天下之达道也"（《中庸》）；"清浊，大小，短长，疾徐，哀乐，刚柔，迟速，高下，出入，周疏，以相济也"（《左传》）；"上下、内外、小大、远近皆无害焉，故曰美"（《国语》）。中国古代建筑所追求的完美境界在很大程度上也反映在建筑自身的和谐统一上，即建筑群体的和谐有序和建筑单体构成的有机统一。中国传统建筑已然成为中国人认知宇宙、社会、人三者（天地人）关系的工具，折射了中国人对自然与社会种种复杂而微妙关系的认知和把握，中国传统建筑呈现出一种与宇宙图像、人伦轨模相互对应的格局与艺术安排。

1　宇宙观

古代中国人在如何看待人与自然的关系上，表现出与西方人全然不同的思想与态度。在道家始祖老子的《道德经》中已透露出中国人的基本自然观：万物之本原为"道"，"有物混成，先天地生。寂兮寥兮，独立而不改。周行而不殆，可以为天下母，吾不知其名，字之曰道，强为之名曰大"。老子随后举出了宇宙中的四个重要事物："故道大，天大，地大，王亦大。域中有四大，而王居其一焉。"老子将天、地、人与道并称为宇宙的"四大"，即支配宇宙万物的事物。而这四者的关系是："人法地，地法天，天法道，道法自然。"（《道德经》）显然，在这四者中，人是位于最低层次的，需因循大地的法则，大地则需因循上天的法则，而天体的运行、日月的盈亏、斗转星移都需因循自然的法则。中国人心目中的"自然"位于这一体系的最高层次，而作为人造物的建筑则扮演着顺应天地自然而行的角色。

缘于对自然的崇拜和敬畏，古代中国人在营造城市、村镇、建筑、园林的过程中，总是在寻求与自然的某种契合。在中国人看来，自然与社会是一种完整而和谐的整体，自然界的任何现象都与社会内部的矛盾息息相关。古代中国人观测天象的主要目的是预测现实社会，自然灾变首先预示着社会内部变乱，自然与人文社会是混杂在一起的。从对自然观察中发展出来的学说，如"易经""术数"等，主要是用来观察和预测人文与社会现象，而不是追求客观的绝对真理，即便是以关注自然环境为主要内容的"风水"术，其主旨也是关涉人文社会的现在与未来。

中国传统建筑的一种重要思想是将建筑看作人与自然进行沟通或者对话的重要工具，建筑梳理人与天地的关系，也就是梳理人间的关系，即通过不同的建筑类型以及建筑可能引发的使用者和自然之间的特殊关系，使其自然成为组织社会生活和梳理人间秩序的工具。不难看到，建筑及其文化的发展使人类与自然环境的关系发生了重大的改变。以明堂布局为例，据《太平御览》所引《礼记》，明堂采用了东南西北中十字轴线对称的布局方式："明堂之制，周旋以水，水行左旋以象天，内有太室象紫宫，南出明堂象太微，西出总章象五潢，北出玄堂象营室，东出青阳象天市。"这里的紫宫、太微、五潢、营室、天市，都是天界的星垣。以地上建筑的五室象征天上的五座星垣，显然是比照天界来创制地上的平面五方位空间。周明堂的五室和战国流行的五行，都是在上古先民逐渐确立了平面四方位或平面五方位的空间图式观念的基础上形成的。五行学说创立以后，人们解释明堂，就多以五行、五方、五时、五色来应会和比对，并对"天人相应"的思想做出制度上的设计。明堂之为五室，也是在某种巫术礼仪中形成并逐渐确定下来的，《吕氏春秋》中《明堂月令》记述，天子春居青阳，夏居明堂，秋居总章，冬居玄堂。天子由孟春月始，随着时令推移而异其居室的方位，按照太阳在天空中的位置，选择不同的居室，着不同颜色的服装，食不同口味的食物，听不同的音乐，祭不同的神祇，办理不同的政务，在十二个月内住完五个方位的各个房间。青阳、明堂、总章、玄堂是明堂东南西北四正向的庙堂，帝王依据十二个月的时序，循着东南西北的方位来变换居住和施政的位置，以取得与自然变化的同步，并以此证明帝王的政令是秉承天意、正确无瑕的。随着时间的推移，建筑的各个部位的功能、价值也有所变化，表示变化着的环境对人的行为有着系统性的约束，这种约束使得建筑的使用者必须按照一定的规则合理地使用建筑，只有如此，建筑才能发挥其应有的作用。

在祭奠和仪礼中，人们十分注意自己的定位和定向问题，因为确定位置和方向的同时也是在确定人与自然及人与人之间的关系。只有如此才能确保自然与社会平衡有序地运行，这显然是带有巫术祭祀仪式性质的，而天子本人就是一个大祭司。在殷商甲骨卜辞中，已可以看到这种巫术礼仪的痕迹。卜辞所记商代宫寝建制，除中室或大室外，已有关于四方四室的记述，由甲骨文可知周王随时异室的制度，应自商王春、夏、秋、冬分居四方四室的祭仪演变而成，这也是"周因于殷礼"的一端。此外《墨子》中记载的军事巫术祭仪也与明堂布局相类，采用四方、四色、四牲的方式。类似的巫术礼仪还可见于古老的太子诞礼，系遵循平面五方位的空间图式来进行。这种规定的目的是通过特殊的居处方式，使天子有别于常人，并且通过与天道相对应来保证人间秩序的合理运行。文献中对建筑部位的区分尤为细密，既表明了人们对建筑形态本身细致的感受和多样的需求，也在阐明人们心目中建筑与宇宙之间存在着一种对应关系。关于明堂的形制，古代文献中屡有记述，《后汉书》说：明堂的形式是上为圆形以象天圆，下面平面方形以法地方，八个窗子通八风，四面通达师法四季，九个堂室象天下九州，十二堂室仿十二个月份……北魏贾思勰对明堂制度讲得更清楚：明堂平面方一百四十四尺，象坤卦的策数；屋的圆径二百一十六尺，与乾卦的策数同。太庙太室方六丈，取老阴数，室径九丈，取老阳数；九个堂室象九州大地；屋高八十一尺，取自古黄钟吕的九九之数。周边二十八根柱子，象法二十八星宿，外围周长二十四丈，模仿一年的二十四节气……由此可见，明堂是按季节时序和空间方位进行设计的祭祀空间，其平面布置、立面形式、外观体形和空间分划，均是"宇宙的图案"的象征。

古代中国人对宇宙、自然的认识在一定程度上表现在建筑空间图式上。图像与图式是古人认知世界的重要方法，也是中国古人重要的治学方法，"置图于左、置书于右、索像于图、索理于书"（《通志略》）。传为文王所造的后天八卦，即根据数理与图式对应的原理改进了先天八卦"先天而天不违"的缺陷，创造出自然与人文一一对应的后天八卦图式。与先天八卦不同，后天八卦图的方位是离卦在南，坎卦位北，震卦在东，兑卦居西，乾卦在西北，艮卦在东北，巽卦位东南，坤卦位西南，其排列依东南西北顺时针方向布置。西方象征秋天，东方象征春天，南方象征夏天，北方象征冬天，把方位和季节时序联系在一起，方位与五行学说完全相合。中国古代建筑对应宇宙图案的象征主义，主要也是从后天八卦、阴阳五行和月令图式等观念演化而来的。

五行学说产生于战国时期的五行家，认为世界万物都是由金、木、水、火、土这五种基本物质组成的，自然界的各种事物和现象的发展变化，都是这五种物质不断运动和相互作用的结果。五行相生相克，包含了世间轮回的含义，因而也被联系到国运兴衰交替，如在国家基准颜色的选择和使用上，夏代尚黑（青）色，商代尚白色，周代尚红色，秦代尚黑，汉代尚黄，夏代之前是传说中的黄帝时代，属尚黄色，均是依据"五行相胜""五行轮回""五德始终"的理论：黄帝属土德，色属黄；夏为木，色属青；殷属金，金胜木，故殷灭夏，而殷色属白；周为火德，色赤，火胜金，周灭殷；至水德尚黑的秦和土德尚黄的汉完成了一个轮回。由此所见，早期一国的国色选择，乃是出自克敌兴邦、国运昌盛的易理。

月令图式也产生于战国的阴阳五行家。《吕氏春秋》中以"十二纪"对应十二个月，每一纪的第一篇专讲某个月的天象、气候及相关社会活动，包括帝王衣食住行，如位置、车乘甚至服饰的颜色等。月令体系以春季配东方，夏季配南方，秋季配西方，冬季配北方，时间的四季和空间的四方相配合，成为时空合一、宇宙一体的图式。两汉时期"十二纪"作为儒家经典被编入《礼记》，称为"月令"，人的一切活动要与自然规律相协调成了月令图式的基调。古代的这种宇宙观，从整体和宏观上指导着建筑的规划与设计，通过数理和图式象征性展现人与自然的联系，使人们无处不感受到自然的神秘力量，同时表达出人们对人类社会与宇宙世界和谐统一、长生共存的追求，从而赋予了建筑以深厚的文化内涵。

建筑本是人类按一定的建造目的、运用一定的建筑材料、遵循一定的科学与美学规律所进行的空间创造和安排，是对空间秩序进行的"梳理"与"经纬"。建筑空间在中国古代被寓意为时空一体的宇宙。"宇宙"二字本身本就与建筑相关，均为"宝盖"头，在殷商甲骨文中是房顶穴居的象形，亦为建筑屋顶的形象。"宇，屋檐也；宙，栋梁也。"（《淮南鸿烈》）《周易》"大壮"卦"上栋下宇，以待风雨"，意即屋架上立，屋顶下垂，天地之合。屋盖延延，有广大之意，而栋梁屹立，有持续之象，故而有"往来古今谓之宙，四方上下谓之宇"（《淮南鸿烈》）之语。宇引申为空间，宙引申为时间，建筑乃是浓缩和沉淀了中国古代时空观念的小宇宙。诸如家、宅、安、宁、定、宫、室、寝、宿等都与建筑及其所包含的时空活动有关。八卦的卦象是天地万物的符号形式，也是人对客观物质世界的哲理分析，中国传统建筑的布局和形象都不同程度地折射了这种哲理，即将建筑的呈现方式与时空的存在方式关联。如

《周易》就是以建筑来解释卦象为上震下乾的大壮卦："上古穴居而野处，后世圣人易之以宫室，上栋下宇，以待风雨，盖取诸大壮。"又如大过卦(上兑下巽)："古之葬者，厚衣之以薪，葬之中野，不封不树，丧期无数。后世圣人易之以棺椁，盖取诸大过。"(《周易》)乾为天，为君父，震为雷，为长子，都属阳亢之象，以其表现宫室；兑为泽，为地，为少女，巽为风，为木，为长女，都是阴象，以其表现陵寝。这说明古代中国人以卦象比拟建筑是基于对建筑形象的哲理思考。

以建筑来表现人文与自然同一，即"天人合一"，是中国建筑哲学与建筑艺术的核心思想。除与方位、时序等空间图式的对应外，另一个设计手法就是象天法地，与天象对应，意在取得皇权及人事的合法性与合理性。从半坡遗址可知，原始社会后期已采用太阳子午线来定建筑的朝向，"定之方中，作于楚宫。揆之以日，作于楚室"(《诗经》)，说的是建造房屋和城市均需观日景定出东西南北。合院式建筑的四个方向可以说是自然宇宙图案化的象征，即古文献所记载的"四向制"。每个方向都象征着一个星象、一个时令、一种物质、一样颜色，把天地万物融于建筑之中。中国的道家强调天道(自然法则)和人道(社会规律)的一致性。"仰以观于天文，俯以察于地理，是故知幽明之故……与天地相似，故不违。"(《周易》)在古人的认识中，作为人造物和人活动场所的建筑，其空间构造理所当然地与宇宙空间同型同构。这种观念成为古代中国"案城域、辨方州、标镇阜、划浸流"(《叙画》)的基本理念，成为中国建筑从选址、布局到形制、结构营造的基本原则，建筑因之成为宇宙自然的缩影。天道曰圆，地道曰方，方而中矩、圆而中规，是中国各种建筑构造的基本形态，使中国建筑呈现出"宇宙图案"之美。

中国古代的城市布局均"四方为形""五方为体"，以体现与天地方位的对应关系，如对照天上的二十八星宿将城市划为四个象限，在中轴线上由南向北布置三大殿，以与紫辰、紫微、天市相对应，象征天宫与地宫的同构。秦咸阳宫殿以冀阙为中心，以人间宫殿来象征天庭，体现了秦人象天法地的观念："因北陵营殿，端门四达，以制紫宫，象帝居；引渭水灌都，以象天汉；横桥南渡，以法牵牛。"（《三辅黄图》）所谓"紫宫"，指天文学的星座名称，又名"紫垣"或"紫微宫""紫微垣"，是十五颗环绕在"帝星"北极星周围星座的总称。古代中国人多将天象与人事相互比对，如在紫宫这组星座中有"中宫天极星，其一明者，太一常居也。旁三星三公，或曰子属。后句四星，末大星正妃，余三星后宫之属也。环之匡卫十二星，藩臣，皆曰紫宫"（《史记》）。人们在观察天象中，发现北极星恒定不动，故将其称为"帝星"，其在天上的宫室为"紫宫"，在紫垣之前横着"天汉"，即银河，从帝星向南渡过银河是营室星，又称"离宫"。这种体象乎天地、经纬乎阴阳的构思和布局手法将建筑构图与天象及人间秩序一一对应，是当时人们敬奉的天人合一思想的真切反映。这种仿照大宇宙建立起来的小宇宙模式，将时间意念和空间意念交织在一起，在明清北京故宫的营建中得到了充分体现。

2 风水观

古代中国是个传统的农耕社会，人们很早就认识到天地、日月、风云、山川等自然环境都与人们的生产生活密切相关，并因此将它们作为"祭祀"的对象。在城市建设和建筑营造中，尊崇自然，顺应自然，与自然相互依存成为人们秉持的环境意识，人们通过审察山川形势、地理脉络、时空经纬，对气候、地质、地貌、生态、景观等各环境要素进行综合评判，运用龙脉、明堂、生气、穴位等形法术语，择定吉利的聚落与建筑基址，为建筑规划和设计提出指导性意见，为营建及宜居活动提供实用操作技术。风水注重人与自然的有机联系及交互感应，注重人与自然关系的整体把握，强调自然、社会、个体的关联性和整体性，它是通过经验和神秘的方式推行知识体系。风水的实践意义在于确立和实现每个个体与自然的直接联系，即直接对话关系，强调了每个建筑单元在风水格局中的特殊性和唯一性，通过附着于风水上的社会学价值以至带有迷信色彩的谶纬学说来确立和维护其合法性，使得其理念被社会接纳并得以流行。

归纳起来，风水的环境观有以下几个方面特点。

一为整体观。《易·说卦》说："立天之道，曰阴与阳；立地之道，曰柔与刚；立人之道，曰仁与义，兼三才而两之，故《易》六画而成卦。"古人称天、人、地为三才，和合而一，中国的传统建筑在构成上被分为上、中、下三分，屋宇为上分，为穹，为父；中分为人，为子；下分为地、为母。建筑是天、地、人感应与交合之所，三者存在着制约关系，故营造必讲天时、地利、人和。天时、地利即指自然环境，包括气象、气候、季候、地脉、地貌、地势等，而人和则包括社会与人际的和合等社会环境，即社会的等级秩序、邻里的和睦关系、家族的礼仪规矩等。这些也都是风水观照的对象，所以建筑既是阴阳之枢纽，又是人伦之轨模。风水观将天、地、人三者统而贯之以"气"，气是变化无穷的，既可以构成浩渺的宇宙天体，又可以化作无边的山川大地。"气"是万物的本源，天、地、人的统一就集中体现在阴阳冲和的"气"上。故而《老子》说："万物负阴而抱阳，冲气以为和。"

风水既然将天人合一归结为气的运行，那么风水术的任务就是寻找、调节气的运行方式与规律，因此风水术又被称为"理气术"。人与自然的和谐共生是风水说的要义，城市与建筑的选址和营造必须顾及自然环境条件和社会运营状况，此乃关乎城市与建筑的命数；住宅与坟冢的修建更是关乎家族与个体的兴衰枯荣，这种关联性甚至发展到牵强附会的程度，如认为山厚人肥，山瘦人饥，山清人秀，山浊人迷，山驻人宁，山走人离，山雄人勇，山缩人痴，山顺人孝，山逆人亏，等等。天人交感及天人交融的整体观始终贯穿于风水说的环境意识中，成为城市规划与建筑布局的核心内容，正是这种整体观，使得中国传统建筑被李约瑟视为"使生者与死者之处所与宇宙气息中之地气取得和合之艺术"，他认为"再没有其他地方表现得像中国人那么热心体现他们伟大的理想：人与自然不可分离"①。

二为吉凶观。《释名》一书中说："宅，择也，择吉处而营之也。"所谓"择吉"道出了风水的途径和目的。现实中，风水所要解决的实际问题就是吉凶，即如何趋利避害，风水将符合要求的环境界定为吉，不符合要求的环境界定为凶，从而将环境的优劣与世间的吉凶对应起来，使人们对风水产生了敬畏之心。《黄帝宅经》说："夫宅者，人之本。人以宅为家，居若安，即家代昌吉；若不安，即门族衰微。坟墓川冈，并同兹说。上之军国，次及州郡县邑，下之村坊署栅，乃至山居，但人所处，皆有例焉。"风水被看作关乎个体安危、家族祸福，以至帝运盛衰、国祚短长的头等大事，人们选择住宅的场所、环境、形态、格局，以至建筑的规模、形制、尺度、比例、陈设等都与家族兴旺、居者安康有密切联系，所谓"人因宅而立，宅因人得存；人宅相扶，感通天地，故不可独信命也"（《黄帝宅经》）。

将吉凶观念对象化、具体化是风水操作的关键，如《阳宅十书》就将住宅的外部环境归纳为一百多种可供选择的情况，何种情况为吉，何种情况为凶，使人们一目了然，成为人们选择住宅基址和环境的依据。实际上，这些归纳也是风水师对以往民间营造经验和礼仪禁忌的总结，其中不仅包括建筑基址的地貌地形、山形山势、水源水脉、道路走向、基址形状、宅舍的布局和高低向背、邻近房屋的方位和距离，还包括周边的植被状况，等等。通常认为基址平整、屋舍规整均衡合度的为吉宅；如若靠近坟茔、庙宇、监狱，或建筑空间无序且形式凌乱，则是凶宅。显然，这些吉凶标准都以人们的日常生活经验作为基础，比如基址平整，利于建筑布局，方便交通

---

① ［英］李约瑟：《李约瑟中国科学技术史》第四卷第三册，汪受琪等译，科学出版社2008年版。

组织；坟墓和庙宇都是鬼神居住之处，阴气过重，精神上易于造成压抑。风水上将这些综合了气候、环境、乡俗、族规、家法、景观等因素的环境条件对象化、程式化，供人们甄选和规避。古代海州（今连云港市）民间有用风水之说来协调乡镇建筑布局及其邻里关系的习俗：平行的几家建房，必须在一条线上，俗叫"一条脊"，又叫"一条龙"，若有错前的，叫"孤雁出头"，屋主会丧偶；若错后叫"错牙"，小两口会不安；若高低不同的，则高的压了低的气。左边的房子可以高于右边的房子，但绝不允许右边的房子高于左边的房子，所谓"宁叫青龙高万丈，不让白虎抬了头"。

无论是建筑内部环境的凶吉，还是建筑外部环境的凶吉，风水师主要把它归结为"气"的作用，视其充溢何等的生气、邪气、阳气、阴气、地气、门气，从而评判环境具有何等的吉凶。风水中的"气"，既有生理、生态上的意义和作用，也有心理、审美上的意义和作用。从有利于日照、挡风、取水、排水、水土保持、改善小气候条件的角度说，"气"是具有生理、生态意义的；从人感受到环境的屏卫得体、环抱有情、秩序井然、生机盎然以及通过风水术操作获得心灵慰藉的角度说，"气"是具有心理、美学意义的，吉凶观渗透在环境观中，并始终贯穿着强烈的审美意识。

三为合理性。风水中把宜居的基址称为风水宝地，这种风水宝地需具备四灵咸备、藏风聚气的条件：宅左有流水谓之"青龙"，右有长道谓之"白虎"，前有污池谓之"朱雀"，后有丘陵谓之"玄武"。阴宅的坟冢也同样如此：葬以左为青龙，右为白虎，前为朱雀，后为玄武。玄武垂头，朱雀翔舞，青龙蜿蜒，白虎驯俯。这种环境特质实际上源自中国的五行四灵方位图式，只不过风水术将四灵具象化为山川湖泽、植被道路，将基址的吉相景观化、生活化，使之宜居、便生、旺财，且赏心悦目。这种切合人们生理、心理以至审美要求的基址进而演变成一种理想范式：基址处于山水环抱的格局之中，地势平坦而具有一定的坡度。基址坐北向南，背靠"座山"为屏，其后又有峰峦为障，是为"来龙"。基址左右环护有较低矮的砂山，左为长而高的青龙，称"龙抬头"，右是短而低的白虎。座山与砂山围合而成的环境类似太师椅，基址所坐落的地段应该像椅子面一样开阔平坦，被称为"明堂"。明堂前要有水塘或外凸的溪水（称"冠带水"）流过，隔水有"案"山，其后有"朝"山，与座山与砂山呈呼应之势。山形水势之外，植被繁茂，物产丰富，构成理想的"风水宝地"。

毋庸讳言，"风水宝地"显然符合今日人们关于宜居环境的认知和判断。由于中国位处北半球，建筑基址选择坐北朝南易于满足最佳的日照条件，在风水实践中也常见根据地形等情况而将建筑朝向在子午线偏南西 30° 与偏东南 30° 之间调整，以符合当地日照的最佳朝向。选择北靠高山，目的在于阻挡冬季北面寒风，同时构成建筑的背景。基址宜选河流的隈曲部位，所谓"水抱边可寻地，水反边不可下"，其原因在于河水裹带泥沙不断地冲刷，必然导致凹岸一侧淘蚀、坍塌，而凸岸一侧则会堆积、扩延，实例如徽州新安江古村落。此外，基址南向开敞的水体，利于接纳夏季凉风，起到调节和改善小气候的作用，并满足取水、排污、灌溉等生产生活要求。基地南低北高有一定坡度，可避免洪涝灾害，左右围护低丘，易于形成较稳定的局部小气候，也使环境具有了相对的外部闭锁性，构成可识别空间，有助于形成安全感和均衡感，并对建筑群起到拱卫和烘托作用。青龙稍高可使夕阳停驻时间较长，白虎较低利于不遮挡夕阳对"明堂"的照射，又使环境不过于对称而显生动。前方的朝、案之山成为建筑的恰当对景，以收缩视线，强调人与自然的尺度对应关系，加强了建筑与环境的沟通，两者因而融为有机的整体。案近朝远，形成景观的层次；植被茂盛，说明基地具有良好的土壤和生态环境，没有病虫灾害；山脉绵长，证明地质条件稳定；来水源长，表示用水充足；等等。综上所述，处于北半球的中国大地，坐北朝南，负阴抱阳，背山面水的聚落基本格局，显然具有日照、通风、取水、排水、防涝、交通、灌溉、采薪、阻挡寒流、保持水土、滋润植被、养殖水产、调整小气候等一系列优越性，便于进行农、林、牧、副、渔多种经营。这种适合中国的气候特点和自给自足小农经济的环境，当然也易形成良好的心理空间和景观画面，成为一种约定俗成的理想择地模式。

风水中的这种选择和判断实际上是人们长期生活经验的积累和总结，只是在没有系统的科学知识体系的古代，人们把这种经验转化为一种共识和规定，使其具有合理性。同时在一定程度上夹杂以术数和迷信，使其具有合理性、神秘性和可操作性，比如如何寻找和鉴别风水宝地，即如何寻找座山、砂山、明堂、河池等，在风水实践中将其归纳为"觅龙、察砂、观水、点穴"。觅龙就是观察主山山脉的屈曲起伏，龙脉枝干的延绵护衬，山石草木的葱郁繁茂，并就山峰峦头进行"喝形"，把山的自然形象附会为金、木、水、火、土"五星"，或贪狼、禄存、文曲、武曲等"九星"，以审察其气脉和寓意的凶吉。察砂就是审察山的群体格局，龙无砂随则孤，穴无砂护则塞，重视砂山对来龙主山的臣服隶从，重视青龙、白虎左右砂山和朱雀屏砂的妥帖形势，要求砂山达到护卫区穴，不使风吹，环抱有情，不逼不压，不折不窜。风水家把水视为山的血脉，观水就是观察水的形局。"凡到一乡之中，先看水城归哪一边，水抱边可寻地，水反边不可下。"（《堪舆泄秘》）首先寻觅萦迂环抱的水势。同时讲究水口的"天门开""地门闭"，并注重水态的澄凝团聚，水貌的钟灵毓秀，水质的色碧气香、甘甜清冽。风水中的"穴"，实际指的是组群布局核心的基址所在。点穴，就是确定城址、村址、宅址、墓址的核心部位立基的位置。穴点所在的地段是明堂、区穴或堂局。穴也就是明堂的核心，点穴因而也涉及整个明堂的选址。《地理五诀》称明堂"乃众砂聚会之所，后枕靠，前朝对，左龙砂，右虎砂，正中曰明堂"。对于明堂的选择，实质上就是对于龙、砂、水选择的综合权衡。

在选择风水宝地的实践中，人们也根据实际情况将四要素加以活用和推衍，如对于城镇中缺少山水资源环境的地段，可以变通为建筑、道路、树木等既有的环境，同样可以取得环境整体的和谐和美观，如所谓"一层街衢为一层水，一层墙屋为一层砂，门前街道即是明堂，对面屋宇即为案山"，将鳞次栉比的屋脊看作"龙"，把宅周围的街巷视为"水"，所谓"万瓦鳞鳞市井中，高连屋脊是来龙，虽曰汉（旱）龙天上至，还须滴水界真踪"。（《阳宅集成》）在我国河网密布的江南，建筑选址遵循的是有山取山断，无山取水断的原则，水网地段称为"平洋"，平洋地段阳盛阴衰，需要四面水绕一处，以水为龙脉，以水为护卫。因此，我国的江南水乡，风水的主要环境元素转换为水体，建筑的面貌也就呈现的是"背水、面街、人家"的环境模式。

四为审美性。追求优美的、赏心悦目的自然和人为环境的思想始终包含在风水观念之中。居住环境不仅要有良好的自然生态，也要有良好的自然景观和人文景观，吉与美、凶与丑都有着内在的联系。如风水学中就说："圣贤之地多土少石，仙佛之地多石少土。圣贤之地清秀奇雅，仙佛之地清奇古怪。"（《青囊海角经》）像圣贤那样的入世之人，适于清秀之地，宜于清秀之美；像仙佛那样的出世之人，适于清奇之地，宜于清奇之美。由此可见，地理环境与人们的审美心理结构存在着统一性。仔细分析风水学中推崇的基址环境，不难在人们的眼前浮现出风光优美的画面："1. 以主山、少祖山、祖山为基址的背景和衬托，使山外有山，重峦叠嶂，形成多层次的主体轮廓线，增加了风景的深度感和距离感；2. 以河流、水池为基址的前景，形成开阔平远的视野，而隔水回望，有生动的波光水影，造成绚丽的画面；3. 以案山、朝山为基址的前景、借景，形成基址前方远景的构图中心，使视线有所归宿：两重山峦，亦起到丰富风景层次感和深度感的作用；4. 以水口为障景、为屏挡，使基址内外有所隔离，形成空间对比，使人基址后有豁然开朗、别有洞天的景观效果; 5. 作为风水地形之补充的人工风水建筑物, 如宝塔、楼阁、牌坊、梁桥等常以环境的标志物、控制点、视线焦点、构图中心、观赏对象或观赏点的姿态出现, 均具有易识别性和观赏性……"① 中国古代城市、村镇及景观建筑中符合这种选址的案例不胜枚举, 典型的如阆中古城、徽州西递古村落等, 景观建筑中如南昌的滕王阁、武汉的黄鹤楼、杭州的六和塔等, 都是选址在成景与赏景的最佳位置, 这些建筑不但占据风水制高点, 而且是风景构图中心。

在中国传统山水画中, 常常表现出建筑融于自然山水之中, 其背山面水之态势, 其山形水势之布陈, 多和风水格局不谋而合, 这种暗合在风水论和画论中也多有重叠。如风水论中有: "龙为君道, 砂为臣道; 君必位乎上, 臣必伏乎下。"(《青囊海角经》)画论中有: "主山来龙起伏, 有环抱客山, 朝揖相随, 阴阳相背, 俱各分明。主峰之胁傍起者, 为分龙之脉, 右耸者左舒, 左结者右伸。两山相交处可出泉流, 峦顶上宜攒簇槀丛, 悬崖直壁, 势虽险峻宜稳妥。"(《绘事发微》)风水论认为: "远为势, 近为形; 势言其大者, 形言其小者; 势可远观, 形须近察; 远以观势, 虽略而真; 近以认形, 虽约而博。"(此文为风水学相关书中多有转述的内容, 互有出入, 可参见《管氏地理指蒙》《郭璞古本葬经·内篇》等)画论认为: "远望之以取其势, 近看之, 以取其质……真山水之风雨, 远望可得, 而近者玩习, 不能究错纵起止之势。真山水之阴晴, 远望可尽, 而近者拘狭, 不能得明晦隐见之迹。"(《绘事发微》)从中可见风水范式与山水景观要素之间的相通与相融。中国传统城市、村落及景观建筑之所以能与山水环境有机地融合为一体, 形成天人合一的优美景致, 多因在建筑实践中运用了风水理论。李约瑟在其所著《李约瑟中国科学技术史》中说: "风水包含着显著的美学成分, 遍布中国的农田、居室、乡村之美不可胜收, 皆可借此以得说明。"

---

① 尚廓:《中国风水格局的构成、生态环境与景观》, 载王其亨主编《风水理论研究》, 天津大学出版社 1992 年版, 第 29 页。

中华民族的宇宙观与中国传统建筑

马炳坚　高级工程师，古建筑专家

内容提要：中华民族"天人合一"的宇宙观对传统建筑的影响体现于选址、建筑材料选择和建造技艺应用。木构建筑的模数比例、构造和构件运用了仿生理念。材料和构造也使木构建筑具有卓越的抗震性能和可重建性。

关键词：宇宙观；堪舆；比例；榫卯；抗震

众所周知，中华民族的宇宙观是"天人合一"。中国人从来把人和大自然看成一体的，认为人是宇宙万物的重要组成部分，因此，人的一切行为都应符合大自然的客观规律，即所谓"人法地、地法天、天法道、道法自然"。

作为人类生存活动之一的建筑活动，在营造理念、建造方法等方面，也不可避免地要受到这种宇宙观的引导和影响而表现出鲜明的中国特征。这种特征，首先表现在建筑（包括城市、村镇、聚落）的选址上。

中华民族在建筑选址方面的学问称为"堪舆学"，即我们通常所说的"风水学"。中国的堪舆学说是一门顺应自然、利用自然为人类谋福祉的学问。

在原始社会，人类的生存条件十分恶劣。一个以农耕为主要生产、生活方式的民族，要想过相对安定的生活，必须"择地而居"，选择适宜人们繁衍生息的地方。这种地方不仅要适合人类居住，还要能满足人的生产、耕作的需要。要选择近水、向阳之地，"以土宜之法……以相民宅，而知其利害，以阜人民，以蕃鸟兽，以毓草木"。随着社会的发展、认识的提升，以及《周易》和阴阳学说的发展，自先秦开始，逐步建立了以"仰观天文，俯察地理"为主导的学术思想。这些思想和理论，历经汉魏、隋唐、宋、元、明至清代，逐步理论化、系统化，形成了一整套堪舆理论。今人所创立的"人居环境学"，实际上是基于前人的堪舆学说创立的，这是中华民族天人合一的宇宙观和方法论在当代规划和城乡建设领域的应用。

中国的传统建筑除了在建筑环境选择上深受中华民族宇宙观影响外，在建筑材料选择和建造技艺应用上，也深受天人合一的宇宙观的影响。

中国传统建筑选择建筑材料的一个重要原则是"就地取材"。其中，用得最为广泛的材料是土和木，因此，中国传统建筑又被称为"土木建筑"。从我们的先民在地穴、半地穴上支搭简陋居所开始，其所使用的材料就是树枝和泥土，之后逐步发展，形成了柱、梁等木构架，在木构四周围以草泥墙或土坯墙。此类纯正、地道的"土木建筑"，直至今日仍在部分边远地区使用。其建筑材料均来自大自然，最终还将回归大自然，成为自然界的组成部分，如此循环往复，永无休止。

在建筑取材方面，中国传统建筑较之当代普世的、以钢筋混凝土结构为代表的现代建筑，更加符合当今世界大力提倡的节能、环保、绿色的理念。钢筋混凝土建筑所用的材料，大部分是通过冶炼获得。冶炼过程会产生大量的二氧化碳，对环境造成破坏，钢筋混凝土建筑一旦废弃，还会产生大量的建筑垃圾，且不易降解，难以回收或再利用；中国传统木构建筑则不同，其建造材料不仅不需冶炼，而且树木在生长过程中还会吸收二氧化碳，释放出氧气。古代先民发现土坯经过烧结可以大大提高其坚固程度和防水性能，开始大量烧制砖、瓦等建筑材料，这类烧制工艺所排放的二氧化碳与制作现代建筑材料所产生的二氧化碳相比，其排放也是有限的。况且中国传统建筑所用的砖瓦同木材一样，也可多次重复利用，最终回归大自然时无须降解，不会像钢筋混凝土建筑那样产生大量建筑垃圾而破坏土地资源。

中国传统建筑的这些特点，都与中华民族天人合一的宇宙认知有不可分割的关系，都是遵循宇宙和自然界的客观规律，尊重大自然，"人法地、地法天、天法道、道法自然"的结果。

除此而外，中国的木构建筑还有许多不同于以钢筋混凝土建筑为代表的当代建筑的特点。概括起来主要有以下几个方面。

首先，以木结构为代表的中国传统建筑，各构件之间是凭榫卯结合在一起的。这种榫卯结合方式是中华传统文化中阴阳学说的一种物化，是古人仿生理念在房屋建造方面的体现。榫卯结构与人或动物的骨骼关节极为相似。榫卯之间既可固定，又能活动，还可以进行拆解。这种结构特点与现代钢筋混凝土建筑完全不同。钢筋混凝土建筑各构件通过浇筑结合成一刚性整体，其构件节点完全是固定的，既不能任意活动，又不能进行拆解，而且只能使用一次。

其次，中国先民不仅发明了榫卯结构的木构建筑，而且为建造方便，还发明了建筑模数制度，以及各个部位和构件尺度权衡和比例确定的方法。例如：面宽与进深、开间与柱高、柱高和柱径、上出和下出、步架与举架等，都有相应的比例关系和通用法则，对于歇山建筑两山屋顶收山的位置以及各类建筑屋面的坡度曲线的构成都有明确的比例和规定。这些规定不仅确定了不同时代建筑的风格和特点，而且确定了中国传统建筑的风格和特点。中国传统建筑的这些构成理念和特点也与中华民族的宇宙观是密不可分的。比如，人体各个部位都有相对固定的模数和比例：眼睛大致在头高的中部，头的宽度又大约为五个眼睛的尺度等。凡是人体，基本都符合这种比例和尺度关系。人以外的其他动物，也都有各自固定的比例和尺度关系。

可以说，古代先民在根据其居住需要和材料（主要是木材）特点确定建筑物之间各个部位比例和尺度关系时，运用了仿生的理念。中国传统建筑除了在大小、尺度及比例的确定上运用了仿生理念之外，在一些具体构件、部位名称上，也大量借鉴人或动物行为的称谓或意涵。例如，柱子的收分模仿了树干根部略粗、上部略细的特点；柱子的侧脚则模拟了人在立正和稍息时腿的状态，以增强建筑物的稳定性；确定坡屋顶各部位不同的坡度时，采用了"步架"和"举架"的称谓，也是模仿人或动物，其中"步"为人走路时向前迈腿的动作，"举"则是上台阶或是上坡时将腿抬高的动作。由于中国传统建筑各步的举高不同，形成了呈现"上尊而宇卑"的曲线大屋顶造型。再比如，古人把歇山、庑殿等建筑的转角称为"翼角"，形容大屋顶的形态"如翚斯飞，如鸟斯革"，更是典型的仿生理念的体现。

在宋《营造法式》中，将斗栱称为"铺作"，也是典型的仿生称谓。在古代（近现代也有）人们在炕或床上铺褥子或被子，每一层称作"一铺"，"铺作"这个名词，就是特指斗栱这种构造部位就像人们铺褥子或铺被子一样，是一层一层叠置起来的。到了清代，"铺作"改称"斗栱"，是因为斗栱最底层的构件形似人们用作量器的"斗"，而"栱"通"弓"，并有托举之势。包括斗栱向外出挑（如三踩、五踩、七踩、九踩），也同人的行为"踩"，即脚落地的动作。三踩斗栱在正心枋前后各有一个空当（即一个曳架），相当于向内和向外各迈了一步，落下三个脚印，即有三列构件；五踩斗栱正心枋前后各两个空当，相当于分别向前和向后各迈了两步，落下五个脚印，即有五列构件。清代称斗栱向内、外挑出为"踩"，宋代则称为"跳"，叫法不同，内涵一样，都是出自古人的仿生理念和"人法地、地法天、天法道、道法自然"的宇宙认知。

最后，正因为中国传统建筑在建造中较为全面地应用了"天人合一"的哲学思想，所以它有不同于其他建筑体系的特征——取材便当，建造快捷。民间盖一幢房子，从挖地基、开槽、大木立架到工程完工，只需一个多月时间，有的甚至只用一两周时间即可完成。在城市里建造一座讲究的四合院，包括木构件预制加工在内，也仅需要大约一年的时间。20世纪六七十年代重建天安门城楼，即便如此重要的宫殿式建筑，也仅仅用了一年多时间。中国传统木构建筑之所以建造如此快捷，关键是它采取的是装配式施工方法。上文提到，中国传统建筑的榫卯结合方式，以及完整系统的通用法则和权衡制度，使得木构建筑所有构件都可以在异地进行预制加工，然后再运抵现场进行组装。当前，国家倡导现代建筑采用装配式施工。在这方面，我们的祖先早在几千年前就已经开始这样做了。

除去上面已经谈到的特点外，在抵御地震灾害方面，中国传统建筑更具有远优于钢筋混凝土建筑的优点。

2016 年，英国第四电视台来北京拍摄故宫，他们对有近 600 年历史的故宫木构建筑产生了浓厚兴趣，并萌生了通过实验检测中国传统木构建筑抗震性能的想法。为配合此项工作，我们委托了北京一家古建筑修建企业制作了一座缩小版的故宫木构建筑模型。模型平面尺寸 2 米 ×3 米，全木结构，柱、梁、枋、檩、椽等构件完全按照传统木构榫卯制作，还制作了斗栱，砌了围护墙，屋面做了灰背、泥背，瓦（wà）了琉璃瓦。模型除了体量因受模拟地震台尺寸所限比常规建筑小一些外，与传统木构建筑几无二致。

模拟实验在北京工业大学结构力学实验室进行。英国人将实验震级分别设置为 4.5 级、5 级、7.5 级和 10.1 级。随着地震强度的不断增加，模型从轻微晃动、明显晃动、强烈晃动到剧烈晃动，墙体从无任何损坏到明显晃动再到完全倒塌，但木构架经过一次又一次的晃动，直到 10.1 级的剧烈震动之后，依然稳稳地立在那里而毫发无损，仅仅角柱的柱根发生了 5—6 毫米的位移。

同样的实验在 2017 年又做了一次。这一次是在国家地震局结构力学研究所，动用了两台机器。一台上面组装了一座木构建筑模型，另一台上建造了一座钢筋混凝土结构模型。两个模型在外形、尺度、重量等方面均高度相似，以求具有最大限度的可比性。木模型严格按照中国传统木构建筑的法式、规则建造，钢筋混凝土模型严格按照现代钢筋混凝土建筑结构设计规范建造。实验过程中有国家地震局专家参与，实验方案十分严格。在经过烈度为 5 度、7 度、9 度的震动之后，两座建筑都抵御住了模拟地震的考验。当实验烈度增加至 11 度后，混凝土建筑的柱头与柱根处严重碎裂，建筑报废；而木构建筑仅仅围墙倒塌，木构架仍安然无恙，只在角柱柱根处发现有 6 毫米左右的位移。两次抗震实验均证实，中国传统木构建筑具有远优于现代钢筋混凝土建筑的抗震性能。

中国传统木构建筑优越的抗震性能，不仅被实验证实，也已被历史证实。北京故宫已有 600 多年历史，经历过大小地震 200 多次，没有一座建筑是因地震而倒塌，这便是最有力的证明。

中国传统木构建筑优越的抗震性能，主要取决于三个因素。一是材料。木材是柔性材料，遇有强烈地震时，其构件很难被折断。二是节点构造。传统木构建筑的节点是以榫卯结构进行连接，榫卯之间有缝隙但没有胶等粘接材料，是可以活动的。地震来袭时，可通过榫卯的活动将地震能量吸收而保证节点不被破坏。三是古建筑的木柱不生根，是平放在柱顶石上的，柱根与柱顶石之间没有任何连接，最多只有一个小小的为防止因轻微的外力而发生位移的管脚榫。因此，柱根与地基之间也是可以活动的。当强烈地震发生时，柱子与基础之间会在瞬间产生翘起、脱离、移位，但柱子不会被破坏。

中国传统木构建筑除去以上这些优越性之外，还有许多巧妙利用自然为人类谋福祉的例子。如呈曲线的大屋顶因"上尊而宇卑"，不仅能"吐水疾而溜远"，保护墙体、木构免受雨水侵蚀，而且当在冬天室内最需要阳光的时候，檐口部分微微上翘的屋顶会"激日影而纳光"，将更多的日光吸纳到室内。以榫卯结合在一起的木构架，在需要的时候能进行拆解，周围的墙体因不承重也可以进行拆解，砖瓦都可以重复使用。整座建筑还可以移至其他地方重建。著名的山西永乐宫，就是在 1957 年修建黄河小浪底水库时移建至运城市芮城县的，这次移建，不仅大木构架、大部分砖瓦脊饰得到了妥善的保护和利用，而且对近千平方米的壁画也进行了妥善的剥离保护，重建后按原部位归安，保护了文物的历史价值、艺术价值和科研价值。大家都熟悉的天坛西门内的双环万寿亭、方胜亭以及北京陶然亭的云绘楼，也都是从其他地方移建的。

上面谈到的中国传统木构建筑的这些特点和长处，都与中华民族的宇宙观有着千丝万缕的联系。当下，网络上流传着关于医学领域评价西医和中医价值的一句名言："西医是科学，中医是哲学。"综合以上中国传统建筑的诸多优势及其与中华民族宇宙观之间的关系，我们完全有理由说："现代建筑是科学，中国传统建筑是哲学。"

建设性破坏的历史印记
——20 世纪中国现代建筑非建筑现象剖析

崔　勇　中国艺术研究院建筑与公共艺术研究所研究馆员

内容提要：本文论及的 20 世纪中国现代建筑非建筑现象包含两层意思，其一是指建筑实践中建设性破坏城乡风貌与文化历史环境，其二是指中国建筑学术圈内部玩弄新概念与搬弄新技巧的伪现代言论及其赝品不乏其人。对这些非建筑现象的针砭是很有必要的，不可以等闲视之，因为建筑体现政治、经济、文化的蕴藉。

关键词：20 世纪中国现代建筑非建筑现象；建设性破坏；历史文脉与现代建筑关系

　　建筑实践过程中非建筑现象表现是多种多样的，但在本文论及的 20 世纪中国现代建筑非建筑现象则包含两层意思：其一是指建筑实践中建设性破坏城乡风貌与文化历史环境；其二是指中国建筑学术圈内部玩弄新概念与搬弄新技巧的伪现代言行及其赝品不乏其人。对非建筑现象的针砭是必要的矫枉过正，不可以掉以轻心。本文试从文化现象学的视角，从重视文化遗产保护的历史责任感高度对 20 世纪中国现代建筑非建筑现象予以剖析。

　　这里所指的文化现象学不具备黑格尔精神现象学和胡塞尔本质还原现象学那般高深的理论与思辨意味，而是一种实实在在的学理分析。"现象"即彰显"本质"的表象形态，"文化现象学"就是对文化及其现象状态进行观察、思考、研究而得出的学理认识。从文化现象学角度思考问题不是试图构建一种学说与理论，而只是因文化现象决定的观察和理性思考，它可以"让思维的闪光和智慧的亮光透过事物的现象，发现和揭示那些本质性的东西"[①]。

---

① 　胡潇：《文化现象学》自序，湖南出版社 1991 年版，第 2 页。

建筑艺术不同于非物质形态的文学、音乐、绘画等艺术，它必须在一定经济与物质基础上才能付诸实践。中国在现代化进程中是一个发展中国家，物力与财力资源有限。坦率地说，20世纪中国现代建筑发展过程中的建筑实践导致的建设性破坏的表现是令人担忧的。

　　就城市建设而言，20世纪中国现代建筑实践中的非建筑现象司空见惯。从世界范围来看，寰球同此凉热，包括中国在内的各大洲发展中国家的城市化发展速度过于迅猛。以往在欧美国家需要50—100年方可完成的城市发展，在现在的一些发展中国家则在30—50年内就能快速完成。城市化的扩张建设与文化遗产的保护发生尖锐的冲突，一方面城市需要从文化遗产保护的角度保护城市建筑的特色，另一方面城市的现代化发展又要求建筑尽快发展。这是一个非常现实而又棘手的文化悖论现象。面对这样的文化悖论现象，人们往往在急功近利欲念驱使下采取非理性的行为，建设性破坏的非建筑现象自然就会产生。出现的种种非建筑现象必然对文化遗产地造成极大的危害。不少新构筑的现代建筑严重地破坏了历史文化名城的历史风貌，旧城开发造成严重的建设性破坏，致使文化遗产地的历史记忆消失而成为文化贫瘠地。诸多新建筑的各式各样的风格与类型导致城市总体特色消失。不合理的城镇土地规划与利用造成文化遗产地消踪灭迹，楼满为患、人满为患的城市商业行为严重地破坏了城市历史文化景观。在一次学术研究会议上，笔者曾经听到一位建筑家学者无奈地戏称，一些标新立异的现代建筑毫无文化环境和历史文脉意识，巨大的空间尺度充满蛮气，致使一些优秀的历史建筑曾经作为城市标志以鹤立鸡群之势耸立了数百年，如今则"相形见绌"，在周边众多亮丽的现代建筑五花八门的建造形态与色彩中显得"黯然失色"。在城市建设中一些建筑破坏了文化遗产地的原真性和完整性，造成面目全非的状态，城市的环境意义与历史记忆消失。殊不知"人们喜欢某些市区或住宅形式，只是由于它们含有的意义……这就表明，意义不是脱离功能的东西，而其本身是功能的一个重要的方面。事实上，环境的意义方面是关键和中心，所以有形的环境，如衣服、家具、建筑、花园、街道、聚居区等，是用于其自身的表现，用于确立群体的同一性及用于使儿童适应于某种文化。这种意义的重要性，还可以根据以下观点进行讨论，即人类精神基本上靠通过使用认知的分类学、类别和图式，试图赋世界以意义来起作用；和建成的形式（如同物质文化的其他方面）是这些图式与范畴的有形的表现。有形的要素不仅造成可见的、稳定的文化类别，同时也含有意义，那就是如果当它们与人们的图式相适合时，它们也可以被译出其代码"[①]。富有历史记忆和文化历史环境意义的城市才能诉诸人以回味无穷的魅力，从而承载有形与无形的文化遗产，保存富有内涵的文化环境。在当今中国快速发展的城市现代化建筑过程中，强化文化环境意识，加强文化遗产保护的历史责任感，是势在必行的。文化历史环境和文化遗产是不可再生的，一旦无止境地破坏，历史文化记忆将荡然无存，我们也将成为历史的罪人。

我们可以吸取德国慕尼黑的经验教训。今天人们在慕尼黑看到的那些整饰的街区和鳞次栉比的古典建筑几乎都是在第二次世界大战之后重新整修的，因为残酷战争仅留下3%的建筑残骸。面对这些建筑残骸，是宁要废墟，还是整旧如旧？战后的慕尼黑慎重地选择了后者。为保持历史风貌，战后的慕尼黑政府制定了严谨的城市建设规划与严厉法规。按照城市规划与法规规定：所有的重建建筑均以圣母大教堂为基准，在建筑高度、城市天际线、材质、肌理、色彩以及历史环境与建筑文脉等方面完全按照城市固有的风貌进行修正与建造。半个多世纪以来，慕尼黑人将城市建筑视为科学、艺术、历史的载体，同时用科学、艺术、历史性的手段保护这些建筑文化

---

① [美]阿摩斯·拉普卜特:《建成环境的意义——非言语表达方法》，黄兰谷等译，张良皋校，中国建筑工业出版社1992年版，第4—6页。

与历史环境，唯此才有慕尼黑今天完好的整体历史风貌。对历史的尊重与建筑形象的维护是慕尼黑人显著的文化品性，即便是今天不得不对国立图书馆、圣马丁教堂、王府宫殿、文物商店等古典建筑进行维修，慕尼黑人也要按照建筑原有形貌制造同样尺寸的画幅覆盖在被修整建筑的立面，既不耽误施工，又保持原有的建筑形象。漫步在慕尼黑的古典建筑营造出的优雅的文化场景中，几乎看不到现代建筑的身影，即便偶尔看到屈指可数的类似艺术展览功能的现代建筑，建筑师们也尽量将现代建筑的尺度、质感、色彩等融入城市的固有肌理中。由此我们可以感受慕尼黑建筑文化特质与城市精神，它既不是历史的罗列，也不是仿制的拼贴，而是传统与现代意识的有机结合。[①]

好在近年来中国的现代化建设实践中的非建筑现象造成文化遗产的极大破坏引起了国家的高度重视，在深入调查研究的基础上，国务院及时颁布了政策性文件《国务院关于加强文化遗产保护的通知》，其中指出："我国文化遗产蕴含着中华民族特有的精神价值、思维方式、想象力，体现着中华民族的生命力和创造力，是各民族智慧的结晶，也是全人类文明的瑰宝。保护文化遗产，保持民族文化的传承，是联结民族情感的纽带、增进民族团结和维护国家统一及社会稳定的重要文化基础，也是维护世界文化多样性和创造性，促进人类共同发展的前提。加强文化遗产保护，是建设社会主义先进文化，贯彻落实科学发展观和构建社会主义和谐社会的必然要求……地方各级人民政府和有关部门要从对国家和历史负责的高度，从维护国家文化安全的高度，充分认识保护文化遗产的重要性，进一步增强责任感和紧迫感，切实做好文化遗产保护工作……在城镇化过程中，要切实保护好历史文化环境，把保护优秀的乡土建筑等文化遗产作为城镇化发展战略的重要内容，把历史文化名城（街

---

① 参见崔勇《走进慕尼黑的建筑文化时空》，《中华文化画报》2007 年第 12 期。

区、村镇）保护纳入城乡规划。"这无疑可视为我们在实际工作中制约建设性破坏举措的指导思想和行动指南。

就乡镇建设而言，现代建筑实践的建设性破坏主要表现在将乡镇建筑保护孤立地视为仿古建筑重建。一些乡镇的历史文化遗产多数未列入国家级或省级文物保护单位，一些人为了搞活经济、开发旅游业而仿古重建一些新古建筑物。近年来，全国各地许多乡镇冒出来的所谓的"仿古一条街道"就是这种指导思想下的产物，其结果是适得其反，不伦不类的仿古建筑破坏了历史文化遗产。在乡镇建设非建筑现象过程中，改造性的破坏也是一个不可忽视的重要方面。不少乡镇在对损坏了的历史文化遗产修复的过程中，简单地采用现代化建筑材料和工艺对损坏部位和墙头、檐口等部位进行仿古处理而加以修饰、美化，其结果就如同给穿马褂的人打了一根领带，很不协调，违背了"整旧如旧"的修复原则。对历史文化遗产的修复，应遵循"整旧如旧"的原则，尽量依照历史的原样来予以保留与恢复。相形之下，一些乡镇现代建筑实践的建设性破坏更是严重至极。不少乡镇将历史文化街区视为危房或陈旧落后的象征，对其进行彻底推翻，重建现代化屋宇，代之而起的是火柴盒式的钢筋水泥混合体，有的直接引入欧美风别墅建筑立于乡镇的山水之间，与原有的山水环境和历史文脉风马牛不相及，致使乡镇原有的历史风貌与文化遗产成了历史废墟，千村一律的现代钢筋混凝土乡村新建筑及欧陆风建筑充塞于中国的乡间令人感到悲痛。种种迹象表明，随着乡镇建设的加速，无数经过了一轮现代化建设的乡镇已经失去了许多的历史文化遗产，新建的现代建筑严重地破坏了乡镇建筑特色与格局。长此以往，随着千城一面的城市特色危机的到来，千村一样的乡镇特色危机不久也将降临，"山重水复疑无路，柳暗花明又一村"的乡镇美景将成为历史，永远地留在人们的回忆之中。

此外，旅游业的盲目发展也是建设性破坏现象的一个表现方面。有学者不无感叹地说："一个宁静的社区是属于它的居民们的，而不是供大群陌生人观摩的。你假惺惺地赞美那儿的宁静，可是你又不甘人后地加入观摩大军像蝗虫般飞向那儿，把那儿给搅乱了。静如处子的苏州现在仿佛已经不再属于苏州人，倒像是一道有点变味的中国布景，在它前面活动着的全是些不可思议的异乡人。的确，躯体的旅行常是无谓的，安居心灵才能免于荒谬之旅。"[1] 一大批浮光掠影的旅游书籍出版无疑是误导，将招致对文化遗产地更多、更快地摧毁。文化遗产的保护与加快旅游业的发展，增加民众的经济收入，又是一个文化悖论现象与问题。面对这样的文化悖论现象与问题，我们不能等闲视之，而是要引起高度的警惕，并寻求解决问题的正确的途径。当务之急是利用国家的财力与物力及现有条件加强国家重点文化遗产保护力度，加大申请世界文化遗产的力度以寻求有力保护，提高全民族建筑文化遗产保护意识。

1997 年，被联合国教科文组织列入世界文化遗产名录的平遥古城，成为明清时期城市的范例。平遥古城城墙、官衙、街市、民居、寺庙皆保存了明清时期的特征，展示了文化、社会、经济及宗教发展的完整画卷，故而被列入世界文化遗产名录。同样被联合国教科文组织列入世界文化遗产名录的云南丽江古城，是我国一支古老的少数民族羌人的后裔纳西族的故乡，这里曾经是纳西文化的中心，又是汉、藏、白族与纳西族文化的交会点。纳西族人以象形文字、东巴音乐舞蹈与绘画艺术构成了独特的地域文化特色。丽江古城体现了地方历史文化和民族风俗风情，流动的城市空间，充满生命力的水系，风格统一的建筑群，亲切宜人的空间环境等，有别于中国其他历史文化城镇的突出价值与普遍意义，故而被列入世界文化遗产名录。事实上，令人遗憾的是，随着大量中外旅游者的到来，这两处世界文化遗产地已经变成商业文化场所，其中的酒吧间属异国风采，到处都是蓝眼睛黄头发的外国人在与店铺的商人洽谈生意和

---

① 吴亮：《批评者说——城乡批评》，浙江文艺出版社 1996 年版，第 232 页。

商品价格，原有居民则摆满真假难辨的文物古董集体做生意，往日悠然自得的生活情景不再，这还是那座历史文化名城吗？无独有偶，名扬中外的安徽徽派建筑代表的古村落西递与宏村及湖南湘西凤凰小镇的现状也是如此。凡现代化建设力量所到之处越发破坏文化遗产地，倒是那些落后的地方似乎保住了一些未被旅游者涉及的历史文化遗迹。

以上是 20 世纪中国现代建筑非建筑现象中建设性破坏的城乡情况，对于产生这样的建设性破坏的根本原因，中国两院院士吴良镛先生曾经一针见血地指出过："可以归结为对传统建筑文化价值的近乎无知与糟蹋，以及对西方建筑文化的盲目崇拜。"[①] 再一个原因就是中国传统的实用理性思想观念作用的结果，这种实用理性又称"实践理性"，每每用感性、局限性的经验替代理性思考，"而长期农业小生产的经验论则是促使这样实用理性能顽强保存的重要原因"[②]。

下面本文再结合一些实情论及 20 世纪中国现代建筑发展中伪现代现象及其相关的问题。

在从事中国建筑历史与理论研究的过程中，笔者发现在 20 世纪 80 年代方法年、90 年代观念年的热潮中，建筑学界一直有一小部分学人（尤其是一些未谙深世的青年学子以言论新概念为时尚，并沾沾自喜地将食而不化的新概念写进论文甚至学位论文中，以致他们自己也说不清楚，评论家也看不明白）非常热衷于玩弄西方引进的一些新概念，诸如生命哲学、现象学、存在主义、心理分析与有意味的形式、格式塔完型结构与原型结构、符号美学、结构主义与后结构主义、文化阐释学、新历史主义、新古典主义、建筑类型学、环境心理与行为建筑学、建筑形态学、新陈代谢与建筑共生论、高

---

① 吴良镛：《论中国建筑文化的研究与创造》，载徐千里《中国新建筑文化之理论建构》总序（一），湖北教育出版社 2006 年版，第 2 页。

② 李泽厚：《中国古代思想史论》，安徽文艺出版社 1994 年版，第 302 页。

技派与技术美学、现代主义、后现代主义、解构主义、后殖民主义、地域主义、全球化理论等时髦概念几乎都被演绎过一遍，却不知新概念本身就有许多令人疑惑的地方。比如，以德里达为代表的解构主义哲学是针对结构主义而提出的一种解构策略，旨在反对康德、黑格尔、卢梭、索绪尔、胡塞尔、海德格尔等前辈设定的语言逻各斯中心而进行瓦解、分析、颠覆，分延、播撒、补替、印迹，是其惯用的手法。解构主义的目的是从语言的角度对整个西方文化与哲学进行颠覆。在实践过程中，笔者总觉得在以文字为艺术表现手段的文学中尚可进行语言与语义解构，而无论如何也是无法在建筑中实现解构的愿望的，因为建筑毕竟是以物质技术为手段在经济允许的情况下方可为之的事，它不能像语言文字可以异想天开地搬弄是非，建筑中的美学、哲学、专业理论等意识形态的思想观念只能是以物质形态的建造体现出来。实际的情形是，建筑需要的是努力建构而不是极力解构。又比如，以罗兰·巴特为代表的符号美学，它是一种从语义学的语言、言语的角度探讨所指（被表示部分）与能指（表示部分）关系的不确定的学说，是人类情感认同的生命形式，具有意向性、不可言说性及非推理性的特征。符号美学因其符号的普适意义而被广泛流传与运用，以至一切学问皆可以符号概而论之。于是一些好事者也标举建筑符号学并用易操作手段使之付诸实践，建筑表象中就出现了古今中外的符号，而对建筑的功能以及内在的结构技术探究则无动于衷，浅薄的表现暴露无遗。这样的玩弄新概念的行径既于史无补，又于理论建构无益，更于实际的建筑创建毫无指导意义，笔者只能将之视为非建筑现象，此乃受西方后现代建筑文化影响消解文化深度的表现。[①] 一些好事者所玩弄的纸上谈兵的建筑试验技巧，无异童稚般玩火柴棒式的游戏，不足挂齿。

建筑技巧不等于建筑技术，建筑技术是科学研究的实际运用，

---

① 参见王岳川《后现代主义文化研究》，北京大学出版社 1992 年版，第 236 页。

对建筑技术的掌握必须有一个循序渐进的研究与实践过程。而无心钻研建筑技术，反把建筑技术当成可以玩弄的东西，这无疑是建筑技术的极大退步，正是在这种意义上，应当用建筑进步与优秀建筑来衡量建筑的创新与否。[①] 技巧的玩弄与优秀建筑的技术呈现是两回事，这种玩弄建筑技巧与新概念的伎俩与实验建筑师的可贵探索是无法相提并论的。这样的行径貌似现代性意味十足，实在是伪现代言行的虚空表现。笔者的态度是从玄乎中回到学理常识状态。在理论层面加以教导，在实践过程中给予规范，正确引导这些年轻人，则是我们的当务之急。局限于传统建筑的风格与类型繁复复原，以及追随西方建筑风格与流派的反复模仿抄袭，是中国现代建筑学在建筑历史与理论、建筑创作、历史建筑保护与更新设计等方面急需解决的问题。

---

① 参见邹德侬《从先锋建筑手法的标新立异看建筑创作的进步与倒退》，载王伯扬主编《建筑师 68》，中国建筑工业出版社 1996 年版，第 18—25 页。

人文地理学视野下的中国古代佛寺研究

杨莽华　中国艺术研究院建筑与公共艺术研究所研究员

内容提要：地理学强调自然科学与人文科学的交叉，具有综合性、交叉性和区域性的特点，其多维度、动态化的视角是地理综合研究方法的体现。文化地理学研究文化区、地方的形成机制及尺度转换，围绕着核心概念形成文化生态、文化源地、文化扩散、文化区和文化景观等研究主题。佛寺作为佛教文化景观的主体，无论是从历史地理学角度研究佛教的区域、分布、传播、演变，还是基于文化地理学方法研究佛教文化的空间、场所、分区、生态、系统等课题，都是要述及的基本内容。

关键词：人地关系；文化景观；文化区；佛教地理

19 世纪以后，地理学已经从地理知识文献积累的记述性体系，逐渐成为对地表地理现象的内在联系和规律性进行探索，研究地理要素及综合体的时空分布、演变及区域特征的学科。

"人地关系的地域系统"是地理学家吴传钧对地理学研究核心的概括。地理学强调自然科学与人文科学的交叉，具有综合性、交叉性和区域性的特点。地理学多维度、动态化的视角是地理综合研究方法的体现，围绕人地关系的综合性和动态性，包含在环境动态研究、社会动态研究，聚焦环境和区域综合分析之中。

1　中国寺院文化的地理学研究进展

文化地理学是人文地理学的分支，其核心概念为"文化区"和"地方"（场所），研究文化区、地方的形成机制及尺度转换，围绕着核心概念形成文化生态、文化源地、文化扩散、文化区和文化景观等研究主题。

语言和宗教是文化地理学研究中两个最重要的对象。20 世纪 30 年代，美国地理学家索尔创立"景观学派"，把"文化景观"作为人文地理学研究的核心。文化景观的地域性、多样性、复杂性特点，使其一直是文化地理学研究的重点对象。

20 世纪 80 年代，景观学派在人文和社会科学中经历了"文化转向"，"新文化地理学"的概念被提出，将意义、权力和符号景观等作为研究的重点，以社会空间取代自然空间。在现代社会中，社会空间分布格局上的歧视、压抑、排斥、不公正性等，是新文化地理学"文化转向"的主题。文化地理学将研究关注点从文化人转向社会群体的社会空间，从而与社会学、人类学、政治学等学科交叉。"文化转向"也使得各学科关于社会群体的价值表述被纳入文化地理视野。

宗教地理学融合地理学和宗教学、历史学的理论和方法，是人文地理学的三级学科。宗教地理学是文化地理学的重要分支，研究文化区域中的宗教与文化生态的关联性和相互作用，包括宗教的时空格局、宗教文化景观，以及宗教与民俗、方言、自然环境、政治经济的关系等多方面问题。宗教研究对文化区的划分担负着重要的作用。国内宗教研究的地理学方法应用于宗教的传播、扩散及空间分异，宗教和宗派起源地、教徒产生及地理分布，包括宗教景观在内的宗教体系发展的地理环境等方面。

佛教是东方文化中影响最广泛、持续性最强的宗教。佛教传入中国之后，其思想渗入中国传统文化的各个领域。所以，中国宗教地理学的研究主要集中于佛教地理的课题，研究内容集中在佛教地理分布，佛教与文化、社会、经济发展的关系，以佛教文化为资源的旅游发展等课题。

中国佛教地理"聚焦于宗教地理学、历史地理学和区域地理学等学科，或融涵于宗教地理之理论，或收摄于断代史佛教地理，或归属于区域佛教地理，从不同角度对特定历史与地区的佛教传播、寺院分布、高僧籍贯或驻锡地等进行了研究"①。

中国佛教文化的地理学研究者普遍认为，20 世纪 20 年代初，梁启超关于佛教传播的历史地理论著，诸如《佛教之初输入》《佛教与西域》《又佛教与西域》《中国印度之交通》等为近现代佛教地理研究之嚆矢。同时代的日本学者常盘大定、关野贞等考察中国多个省份佛教文化遗迹，将考察成果整理出版，如《中国文化史迹》《中国佛教史迹》及《中国佛教史迹评解》等，也是较早记述中国寺院建筑的地理分布的著作。20 世纪 30 年代以后的佛教史研究中，也把某个历史时期的佛教地理分布作为研究内容。汤用彤的《汉魏两晋南北朝佛教史》有"汉代佛法地理上之分布"的章节，论述佛教文化的区域特征，详细考证佛教的入华路线。1943 年出版的刘汝霖的《中国佛教地理》一书，对名都、名胜的佛教发展状况做了记载，首次使用"佛教地理"这个概念。

20 世纪 50 年代至 80 年代初，由于国内的文化地理研究并未开启，作为其分支的宗教地理学科同样得不到推进。自 20 世纪 80 年代以来，这个领域逐步发展起来。台湾学者佛教地理的研究著述首先见诸学术园地，何启民的《佛教入华初期传布地理考》和颜尚文的《后汉三国两晋时代佛教寺院建筑之分布》对早期佛教传播地理及寺院形制和分布，印顺的《佛教史地考论》对佛教传播地理、中国地志、佛教圣地等做了考证工作。辛德勇的《唐代高僧籍贯及驻锡地分布》是来自历史地理角度的研究成果。20 世纪 90 年代之后，进入佛教地理研究领域的学者数量激增，产生了很多以地理学方法和视角研究佛教文化的重要专家及成果，如《唐代佛教地理研究》《魏晋南北朝佛教地理稿》《西北佛教历史文化地理研究》《六朝江东佛教地理研究》《两晋南北朝时期河陇佛教地理研究》《藏彝走廊北部地区藏传寺院建筑研究》《唐代寺院建筑的地理分布》《康

---

① 景天星：《近百年的中国佛教地理研究》，《宗教学研究》2017 年第 2 期。

区藏传佛教文化区的划分及相关问题》《五台山佛教文化的地理学透视》等。

虽然佛教地理归属在宗教地理学之下，但国内佛教地理研究长期注重于历史地理学的方法和视角，往往被划归佛教历史地理范畴，重要研究成果多出自历史地理学科。文化地理学与历史地理学之间虽有密不可分的关系，但就学科归属门类并没有从属关系，研究走向和方法也有所不同。文化地理学和历史地理学处于地理学的不同分支上，历史地理学还包含了历史自然地理和历史人文地理。

文化地理学是人文地理学之下的二级学科，立足于文化的空间要素的现象和变化进行研究；历史地理学则研究地理环境及其演变规律的历史构成。历史地理与文化地理研究上的互动性可以提高对区域文化特质的全面认识。"一个地区的历史地理往往可以给该区的文化地理以全面的解释；而一个地区的文化地理只能对该区的历史地理提供某种侧面的例解。历史地理学可以在不常提文化概念的情况下独立存在，而文化地理则常常要依靠历史地理为它作文化区形成、文化传播、文化传统等文化地理现象解释。"[①]

佛教历史地理的研究多围绕魏晋南北朝和唐代佛教地理而展开，包括探讨南北朝僧人的出生地与佛教石刻的地理分布，分析文献中各地寺院数量、高僧活动和寺院的地理分布，以及译经地点的分布；从地理的角度研究佛教学派的人物、著作的分布和学者活动地点的变化；探讨高僧籍贯和驻锡地分布、佛寺与石窟分布，以及佛教中心区域的形成与变迁。有代表性的著作如严耕望的《魏晋南北朝佛教地理稿》，论述了"佛教东传及其早期流布地域""三国两晋佛教流布地理区""东晋时代佛学大师之宏佛地域""东晋南北朝高僧之地理分布""东晋南北朝佛教城市与山林""佛教教风之地理分布""五台山佛教之盛""佛教石刻之地理分布"等。

---

① 刘沛林：《文化地理学与历史地理学的关系》，《衡阳师专学报（社会科学）》1995 年第 4 期。

关于隋唐的佛教历史地理，有对隋代佛寺地理分布、唐代高僧出生地及驻锡地分布和变迁、唐代高僧籍贯的地理分布、唐代佛教义学风尚及其地理分布、唐代寺院地理分布、历史传承与佛教地理分布、唐代高僧游徙的空间分异、区位条件与佛教地理分布等课题的研究成果。

对于宋至清代的佛教历史地理的研究，多以区域为主。宋以后的佛教趋于民俗化和生活化，传播与分布范围更广大，佛教地理更需学科交叉研究，学术体系建构需要一定的过程，现有的成果相对单薄。

2　寺院文化要素的空间分布与分区

时间、空间、地理要素的综合，是最大限度还原文化景观在连续时段上的表现的途径，是历史地理学相关研究的基础。与历史学的纵向研究相较，历史地理学属于横断研究，选取时间断面进行地理各要素及其结构关系的研究。时间断面并非平面，而是立体空间，需要选取地理现象演变的阶段性节点。这些阶段性节点往往能汇集和显现更多的历史特征和信息，而对不同断面进行叠加寻求历史演变轨迹，正是地理学方法的优势所在。

"地理学研究中所谓剖面（或称断面、时间横断面），是指在时间轴上的任意时刻截取的与时间流向垂直的断面。以此可以将过去某一时刻的地理空间拟定于时间的横断面上，来说明和叙述过去的地理空间中的地理事物。"[①]

在研究文化景观和历史空间的基础上，文化地理学还要鉴别与区分不同的文化区域，文化空间、文化区域、文化景观、文化过程和文化生态皆为文化地理学的研究主题。文化发展存在时间和空间

---

① ［日］菊地利夫：《历史地理学的理论与方法》，辛德勇译，陕西师范大学出版社 2014 年版，第 190 页。

上的差异，其新陈代谢的历程和传承变异的因果归于史学研究；文化的扩散和分布格局的研究则是地理学内容。文化演变和地域表现全息图景需要历史和地理两个学科的交叉综合。

研究宗教的地理格局，仅从纯粹的宗教学和地理学入手，不探其历史背景，很难获得真谛。"地理学的任一分支，都几乎可以只研究当代，而不及于以往，唯独文化地理，若不追索历史，则无从起手。就这个意义而言，文化地理已隐含着历史文化地理的内涵。"[①]

文化区有形式文化区和机能文化区之分：机能文化区与行政区类似，有一个核心在机能上起协调、主导作用；形式文化区也就是通常理解的文化区，则显示某些文化特征或文化认同人群的地域格局，如语言、宗教等单一或者复合文化特征的地理分布范围，即文化分布区。

文化区所表达的内容除了文化特征的格局，就是以文化特征分布来划分文化区域。划分文化区应把同质的文化特征与异质的文化特征从空间上进行区分，体现出文化的地域差异性。而文化区亦即形式文化区，不同于行政区划，其边界大都是模糊的，区域之间甚至有宽泛的过渡地带，有时因为分析视角、方法和要素的不同，文化区划会产生不同结果。文化区之中的文化特征影响从核心向边界呈递减之势，而非均匀状态。

文化地理的研究中，划分某个历史断面的文化区域，还原那个时期的有形和无形的文化景观尤为重要。复原文化区历史空间场所，其实是在探寻文化区域之间分异现象的同时，分析文化区自身内小尺度空间的文化差异，这种差异往往是难以忽视的。

实际上，对于损佚、不完整的文化景观，无论是实物还原还是非物质层面的还原都无法达到原真性，或是停留在意象上，存在着发展余地。这也使得文化区划具有一定的动态性和时效期。

---

① 周振鹤：《中国历史文化区域研究》，复旦大学出版社 1997 年版，第 2 页。

在地方语言、宗教信仰和礼仪风俗等文化景观当中，对文化区划的作用最显著的是方言，宗教也尤为重要。在中国历史上，宗教从未动摇过政治体制的主导地位，宗教集体意识偏弱，宗教文化的区域特征相对隐含。

佛教文化区的形态也要在历史断面上探寻，不同的历史时期，因信奉佛教的内容不同而产生不同的人和社会的表现。佛教最初只在局部地区传播，东晋十六国后逐步扩大了传播区域和社会影响，经南北朝发展，至隋唐达到巅峰，宋以后佛教在汉地基本处于浮沉交替的境况。

南北朝时期是佛教在中国逐步被广泛接纳崇奉，并进入学术深化的一个关键阶段，可作为一个历史地理研究的时间断面。历史地理学者周振鹤在研究这一时期佛教信仰要素、佛教活动要素及入藏经典撰译地点的分布时划定了"淮南江表、江汉沅湘、岭南、巴蜀、河淮之间、河东河北、关陇河西七个区域，前四个地区基本上位于秦岭、淮河这一地理分界线以南，后三个地区在其以北"[①]。

佛教信仰要素包含僧侣的生长地，以及佛教石窟、石刻、造像两类。佛教活动要素包含文献记载的各区域佛寺数量统计、高僧活动在各区域分布，以及各区域的佛寺分布。

南北朝时期佛教影响遍及南、北方皇权所辖区域，受地域文化影响，南北差别明显，北方重修行，南方重义理。北方佛教要素分布比较均衡，南方佛教要素分布更集中。北方河淮之间、河东河北和关陇河西各地所出僧人数量、高僧活动、佛寺数量等情况相近；南方淮南江表、江汉沅湘、岭南、巴蜀各地在这几方面相差悬殊，且各区域都有一个或多个集中程度较高的中心。

南、北方佛教地理变迁也不相同，南方分布格局变化长时间地保持稳定，北方则因皇权更迭而差别很大。南方最大佛教中心基本

---

① 周振鹤：《中国历史文化区域研究》，复旦大学出版社 1997 年版，第 83 页。

稳定在建康，丹阳、会稽等四郡佛教也很兴盛，形成佛教分布集中区域；南方的江陵所在南郡，与襄阳形成一个佛教分布密集地带；巴蜀成都、岭南番禺也形成地方性的佛教中心。

北方佛教中心原位于凉州，北魏灭凉后东迁平城，迁都再南移洛阳，东魏、西魏又分移邺城、长安。北朝北方寺、僧的总数远超南方，石刻造像大多分布在北方，说明佛教在北方的信仰层次高于南方，佛教实体也更庞大。而经典撰译地点和所出经典数量，南方远多于北方，南方的著名高僧、寺院也更多，表明在佛教的学术层次上，北方远逊于南方。

隋唐时期，独立发展的中国佛教进入了巅峰阶段，印度佛教融入本土文化，被彻底同化为中国佛教；外来佛教为适应新环境被迫采取一种应变而"入乡随俗，移花接木"。随着隋唐一统，南、北佛教也由分到合，修行与理论并重；在高度统一中，又有分宗立派。佛教势力集中于寺院，独立性是隋唐宗派佛教最显著的特色。

隋唐时期中国佛教的地位仅次于印度，是亚洲的中心，国际范围的高僧以中国人居多；佛教成为中国出产，思想已经中国化；外国人求法大多选择来华。西域的许多佛经是从唐朝翻译过去的；藏传佛教也受到内陆的很大影响；朝鲜照搬中国天台、华严、法相诸宗和禅宗；日本各宗源头皆出自中国佛教。

包括一些偏远区域在内的唐朝辖地，都被佛教浸染。佛教分布的各种地理要素表现并不一致。城市和名山经常是高僧驻锡地和佛寺的分布重点区，诸如长安、洛阳、终南山、五台山、天台山等。"'天下名山僧占多'这句话，透露的就是这个道理。佛教为法本在出世，静修参悟，最宜山林，故山地丘陵每为高僧驻锡之所；而且常具山水之奇，能吸引游人，弘法亦便；又因远于政治影响，法事活动多能历久不衰。故与佛法有缘之山就成为重要的佛教圣地和佛教传播扩散的基地。"①"安史之乱"之后，社会动荡导致北方佛教发达区域萎缩，佛教重心逐渐偏向南方，这种状况一直延续下来，未有大的变化。

唐代以后，佛教要素的表现在空间格局方面基本稳定，佛寺主要分布在长江三角洲、浙东、福建一带。明代以后，佛教四大名山、八小名山等佛教文化片区的发展日趋繁盛，但除了形成几个特别兴旺的热点地区之外，对整体上的佛教景观地理分布格局并无影响。

3 寺院文化景观

19世纪，近现代地理学的形成与"景观"这一概念被引入地理学几乎是同步发生的。德国的亚历山大·冯·洪堡在其著作《宇宙》中将"景观"作为一个科学名词引入地理学。这以后的"景观"不再只是视觉的对象，而被认为是"地表可以通过感官感受到的事物，而这种感受的总和就是地理景观"②。

20世纪20年代以后，美国景观学派代表卡尔·索尔进行了以文化景观为核心的人文地理学研究的转向，认为人文地理学的核心是解释文化景观，文化景观是某一文化群体利用自然景观的产物，文化是驱动力，自然是媒介，而文化景观则是结果。③索尔指出，地理学的研究内容为区域知识，而区域知识等同于景观分布学。

索尔最擅长的是依据景观形态来确定区域。例如他研究不同类型的谷仓分布，从而将相同形态谷仓分布的地区确定为一个文化区。④自20世纪70年代之后，随着空间研究的"文化转向"，人文地理学的文化景观研究也从景观特征及变迁规律，转向社会群体"地

---

① 李映辉：《唐代佛教地理研究》，湖南大学出版社2004年版，第291页。
② ［美］杰弗里·马丁：《所有可能的世界：地理学思想史》，成一农、王雪梅译，上海人民出版社2008年版，第221页。
③ 参见［英］R.J.约翰斯顿主编《人文地理学词典》，柴彦威等译，柴彦威、唐晓峰校，商务印书馆2005年版，第133页。
④ 参见周尚意《文化地理学研究方法及学科影响》，《中国科学院院刊》2011年第4期。

方感"的价值、"空间生活经验"的意义的探讨，从而推动了文化遗产价值认知体系的更新，为人类景观遗产的细分提供了理论支持。

寺院建筑是最重要的佛教文化景观，"寺院"是对佛教庙宇常见的称谓，很多寺院的别称源自外来语汇，如伽蓝、梵刹、佛刹、净刹、精舍、兰若等。"寺"原为古代政府机构场所，佛教初传时期，外事接待部门鸿胪寺承担了僧人馆舍的功能，"寺"的名称逐渐被移植给僧人驻地和佛像安置之所。"寺院"是从唐代玄奘在长安大慈恩寺翻经院译经开始，加入了"院"字渐渐被广泛使用的。"寺"是通称，"院"常指寺的组成部分；"院"也可单独为寺庙的称呼。从东汉明帝时期的洛阳白马寺开始，陆续有较大城市如建业、广陵、彭城等兴建寺院的记载。东晋十六国以后，随着佛教的盛行，寺院规模和数量都陡增。极致的例子是：北魏政权下建寺数量竟有30000多座。再到唐代会昌灭佛对寺院的统计，全国的寺有4600多所，兰若有40000余所。寺院有"官寺"和"私寺"之分；而"兰若"因规模小且被简化，不称其为"寺"。

唐代禅宗兴盛，很多寺院专修禅宗，称寺院为"丛林""禅林"，有了禅寺和教寺之分。五代吴越王钱镠把江南教寺改作禅寺，宋代又制定"五山十刹"禅林官寺制度，之后，天台教院再设教宗的五山十刹。元、明时期，寺院被统分为禅寺、讲寺和教寺，法派与寺院形成固定的对应关系。"禅"指禅门各宗，"讲"指天台、华严诸宗的教理讲说，而"教"专指关于真言秘咒、显密法事的仪式。

中国早期寺院的建筑布局脱胎于印度佛寺，僧房围合的院落中央设方形的佛殿或佛塔安置佛龛，之后逐渐向汉族的合院布局过渡。大多数寺院倾向于选择廊院与中轴对称的基本形式进行空间组合。将山门、天王殿、大雄宝殿、藏经楼等主要殿堂布置在中轴线上，前后殿堂之间院落的左右侧为配殿或廊庑，这个序列形成寺院主干；其他功能院落分置两侧跨院。在此基础上，寺院建筑逐渐形成"伽蓝七堂"定式，虽然七堂之制非某个宗派独有，但是禅宗的力推对其普及起了很大作用，宗派的不同也会带来形制上的差异。

4 结语

寺院作为佛教文化景观的主体，无论是从历史地理学角度研究佛教的区域、分布、传播、演变，还是基于文化地理学方法研究佛教文化的空间、场所、分区、生态、系统等课题，都是要述及的基本内容。

佛教历史地理研究的目的还在于复原历史时空中的佛教文化景观，包括寺院和其所处的自然和人文环境，还原同一时间节点景观在空间上显现的状态，以及随时间推移景观的空间呈现。寺院建筑的相关历史记载主要依靠方志和佛教典籍，方志是以行政区划为地理范围的，以行政区划来选择空间范围，而文化分区的边界并不与之重合，从而在分界界面上发生时间等要素的错位，使景观复原更为复杂化。

南郊坛的演变与艺术空间

赵玉春　中国艺术研究院建筑与公共艺术研究所副研究员

内容提要：祭祀制度是中国传统礼制文化中的核心内容，这在新石器时期的诸多考古发现中已有直接性证据。其中，久远的祭祀天神制度在中国的历史文献中也有记载，具体的且一直延续到清末的祭祀天神的"南郊"制度与相关的礼制建筑的演变等，大致经历了三个发展时期：西汉时期为初创或"恢复"时期，东汉至元朝为稳步发展时期，明朝中叶以前最终定型。

关键词：礼制建筑；郊祀制度；南郊（坛）；"天"；"帝"

中国古代社会政权始终有着不同程度的政教合一的基本属性，仅就国家形态成熟的历史时期来讲，既有中央及地方政府与"隐性"的儒家相结合的政权形式，也有如西藏偏远少数民族地区的政府与"显性"的如藏传佛教相结合的政权形式。前者支撑政教合一的文化就是礼制文化。据历史文献记载，西周是礼制文化开始走向成熟的转折时期，因此后世的历史中一直是以西周的礼制文化作为最重要的参照。西周这种早期国家形态仍属于"国家联盟"组织形态（区别于中央集权专制国家形态），但它实施了一套国家制度体系：政治制度——封建制度；社会制度——宗法制度（包括从殷商中后期就开始实施的嫡长子继承制度）；经济制度——井田制度；文化制度——礼乐制度（包括祭祀制度）。其中的宗法制度和礼乐制度一直延续到清朝结束。所谓"隐性"宗教，是指继承了原始的"显性"宗教并逐渐集中以祭祀的形态呈现的宗教形式和内容等。在礼制文化中，是以"吉礼"作为"五礼"之首，"吉礼"即祭祀之礼，其本质是"隐性"宗教。

在"吉礼"中，祭祀神祇主要有天神、地祇和人鬼（死去的祖先或先贤等）三大类，另有一些灵物和动物类等杂神。其中"天神"最重要的来源是天文与天文现象内容，即早期的"天文崇拜"内容。但在其发展的早期阶段，某些内容就曾与人鬼（"升天"的古帝王或其祖先）结合过。与上述祭祀内容相对应的建筑就是礼制建筑，其中又以祭祀天神的礼制建筑最为重要。遗留至今的北京明清皇家礼制建筑体系中，天坛、日坛、月坛，以及先农坛建筑群中的先农坛、天神坛和太岁殿等，都是明确的祭祀天神的场所。而在起源复杂并象征着国家政权的社稷坛中，"五色土"实际上也是来自天神"五（方）帝"的概念。在祭祀天神的礼制建筑中，地位最高的是天坛，在历史上被称为"南郊坛"或"南郊"。

1 南郊坛的产生过程

1.1 西汉之前祭祀天神的礼制建筑

在《周礼·春官·宗伯》中，把祭祀的天神依照尊卑不同共分为三等：第一等是"昊天上帝"，依不同情况称为"帝""上帝"或"天"等，后世也称"皇天上帝"；第二等是日、月、星、辰；第三等是掌管一方、有功于民的列星，如司中、司命、风师、雨师等。这些列星多为传说中的历史人物死后上升为天神后所代表的恒星。

《史记》记载的于西周至春秋之际出现的礼制建筑集中之地主要有两处：一处是齐国境内的泰山一带，另一处是秦国在建都咸阳之前的重要都城雍城（现陕西凤翔城南）及附近。《史记·封禅书》在介绍雍城最后说："自古以雍州积高，神明之隩，故立畤郊上帝，诸神祠皆聚云。盖黄帝时尝用事，虽晚周亦郊焉。"但因黄帝太过久远，因此"其语不经见，缙绅者不道（不接受）"。其中明确记载雍城及附近有一百几十座祠庙，很多一直延续使用至西汉末年。这些祠庙中单独祭祀的天神有日、月、五大行星、二十八宿（黄道

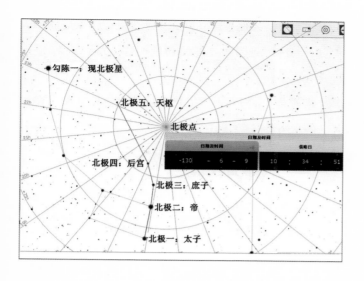

图1 天文软件计算模拟的公元
前130年北极点附近星图

带附近的二十八个中国星座）、参宿（独立祭祀）、大火星（心宿二，位于现标准星图天蝎座）、南斗、北斗、风伯（箕宿，位于现标准星图人马座）、雨师（毕宿，位于现标准星图金牛座）、寿星（南极老人星，位于现标准星图船底座）、彗星，还有"诸布"（散布的祭星的地方）和"天神"（所指不明）。另外，特别强调了在雍城最重要的礼制建筑是"四畤"，为祭祀白、青、赤、黄四帝的场所，此"四帝"也就是当时的"至上神"。秦国建"畤"的历史是从秦襄公开始（在位时间：公元前777—前766），直至秦献公时（在位时间：公元前384—前362），在秦国所辖范围内所建"畤"的数量至少有七个。

秦始皇统一中国后，"焉作信宫渭南，已更命信宫为'极庙'，象天极"（《史记·秦始皇本纪》）。这个"极庙"祭祀的北极点或北极星所表象的天神，也就是这一时期的昊天上帝，因此在《史记·天官书》中，把当时的离北极点最近的五颗恒星称为"北极"（星座），其中最亮的"二"称为"帝星"（现标准星图中小熊座 β 星），离北极点最近的"五"也称为"天枢"（另一个"天枢"是北斗的第一颗星）。（图1）

1.2 南郊坛在西汉时期正式建立的过程

据《史记·封禅书》和《汉书·郊祀志》记载，汉高祖二年（前205），刘邦东击项籍返还入关，询问部下故秦时期的"畤"祭祀的是什么神，属下答曰祭祀的是白、青、赤、黄四帝。刘邦说听闻天上有"五帝"，为什么这里只有四个帝祠，属下无法回答，刘邦便自言自语地说"我知道了，是等待我补充至五个"。于是立即命人在雍地建立"北畤"祭祀"黑帝"。至此，雍地拥有了完整的祭祀"五（方）帝"的"畤"。

汉文帝前元十五年（前165），主管祭祀的官员说古时候天子于夏季都要亲自在郊外祭祀"上帝"，称为"郊"。在当年夏季四月，汉文帝首次到位于雍城的"五畤"行"郊祀"。

汉文帝前元十六年（前164），汉文帝在长安城的渭水南岸建"五（方）帝"庙，这座庙与以前的畤不同，属于合祀的礼制建筑，每帝居一殿，庙的每一面有五个门，颜色各与殿内所祭"五（方）帝"的"五方色"相同。这年夏四月，汉文帝放弃了于"雍五畤"的祭祀，改为"亲拜霸、渭之会，以郊见渭阳五帝"（《史记·封禅书》）。同年，据说有一次汉文帝在经过长安城东南的长门时，朦胧之中看见似有五个人立于路北，马上又命人在那里建"五帝坛"，至此，祭祀"五（方）帝"的礼制建筑，既有"祠庙"也有"祭坛"。

汉武帝建元二年（前139），亳人谬忌上疏称："天神贵者太一，太一佐曰'五帝'。古者天子以春秋祭太一东南郊，日一太牢（牛、羊、猪三牲齐备），七日，为坛开八通之鬼道。"（《史记·封禅书》）在此，谬忌明确地提出在"五（方）帝"之上存在一个"至上神"——"太一"，即北极神，也就是"昊天上帝"，而以前祭祀的"五（方）帝"只是属于次一等的"佐神"。太一坛的基本形制为在八个方位设立阶梯，作为鬼神登坛的通道，也就是用于摆放其他陪祭的低等鬼神的牌位的地方。武帝未质疑此观点，并"令太祝立其祠长安城东南郊，常奉祠如忌方（祭祀的方法）"。所谓"东南郊"，也就是此礼制建筑不可能建在正南门外的正前方，而是建在大路的东侧。

随后马上又有人效仿谬忌献策道："古者天子三年一用太牢祠三一：天一，地一，太一。"（《史记·封禅书》）武帝也随即接受，并在"太一坛"前面又建了"天一坛"和"地一坛"。

虽然建了"太一坛"等，但从《史记·封禅书》《汉书·郊祀志》

《汉书·武帝纪》记载来看,汉武帝并没有在长安城东南行"郊祀",而是从建元二年(前139)开始,依然沿用着西汉初在雍城等地行"郊祀",以后常常也是每三年一次"行幸雍,祠五畤"(《史记·封禅书》)。同时把祭祀的时间定在"冬十月",因为按照阴阳五行的理论和古人的"联想",冬季干燥也就是偏重于"阳",因此应该选择这一时期祭祀偏重于阳性的天神。

汉武帝非常迷信,《汉书·郊祀志》记载了他在甘泉宫(现咸阳城北75公里的淳化县铁王乡凉武帝村)经历的很多相关故事。汉武帝元鼎五年(前112)十月,武帝命令祠官在甘泉宫南的云阳修建"甘泉泰畤"。《汉书·郊祀志》对甘泉泰畤中祭坛形制的描述比较具体:"太一坛"为八边形,共三层,八个方位上有台阶(鬼道),用于连续放置神牌;坛的周围还有"五帝坛",各居其位,由于"黄帝坛"无法居中放置,便放在西南方位。因为在古人的观念中,"五(方)帝"与季节和方位是对应的,如春(春分或立春)、夏(夏至或立夏)、秋(秋分或立秋)、冬(冬至或立冬)分别与东、南、西、北对应,且如"两分""两至"在空间与时间方面有着明确的天文学意义,但为了与"五"对应,就在夏秋之间安排了一个无甚天文学意义的"季夏",方位也自然取西南;四周平地上另有其他如北斗、日、月等相对重要的天神的祭坛。

汉武帝在甘泉泰畤的"郊祀",属于以"太一"为主的合祭制度。它在突出"太一"作为"至上神"地位的同时,也肯定了"天"的等级次序。这是受董仲舒总结的"天人合一""天人感应"等思想的影响,为"郊祀"制度的重大改制,其目的为彰显汉武帝唯我独尊的政治地位,这也是礼制文化中的"吉礼"最根本的目的。汉武帝偶尔也去雍城"五帝畤"祭祀。

汉成帝刘骜时期,丞相匡衡和张谭等人共同发起了"郊祀"制度的进一步改制,他们提出应集中于长安城的"南北郊"祭祀天神和地祇。这种提议的主要理由有三点。其一是合古制,如周文王、周武王、周成王等都是在都城的城郊祭祀天神和地祇（这一说法未见之前的其他文献记载）。其二是如果在云阳泰畤祭天神，在汾阴后土祠（在黄河以北，武帝时期建）祭地祇，两地离长安都较远，又在两个不同的方向上，且去汾阴后土祠要来回渡黄河，有一定的危险性。其三是皇帝远途祭祀必然会劳民伤财（如沿途还需要地方官员接待和滋扰百姓等），违背了祭祀的本意，因此就难以得到神灵的护佑。对于这一建议，文武百官讨论出 50 ：8 的结果，支持票远大于反对票，故最终为"天子从之"。

随后匡衡还批评了甘泉泰畤的过度奢华，进一步提出祭祀神祇应该弃繁从简，去伪存真，心诚即可。同时，他批评故秦"四畤"的祭祀，不是礼书记载的正统"郊祀"，而"北畤"是在汉初礼仪未定之时，就着故秦"四畤"仓促建立的。现在应该依据古法祭祀"昊天上帝"，并把"五（方）帝"一起祭祀，而不应长时间依照以前诸侯"妄造"的内容和方式行"郊祀"。依据匡衡等提出的改制结果，汉成帝于建始元年（前 32）十二月，"做长安南北郊，罢甘泉、汾阴祠"（《史记·封禅书》），并且废除了很多其他神祠的祭祀。

由匡衡等提出的"郊祀"制度的改革，在前期进行得比较顺利，《汉书·成帝纪》记载汉成帝在诏书中说："乃者徙'泰畤'、'后土'于南郊、北郊，朕亲饬躬，郊祀上帝。皇天报应，神光并见。"但在第二年，匡衡因当初阿谀宦官石显以及儿子匡昌醉酒杀人而遭免官，关于"郊祀"制度的争论发生了逆转，质疑匡衡等"郊祀"改制的理论领军人物是大儒刘向。汉成帝无子嗣以及那年发生的严重的天灾等，都成了朝廷政敌攻击匡衡等提出的"郊祀"改制引发了"天怒人怨"的依据。在汉成帝和哀帝（也无子嗣）两朝，在皇太后以及后来太皇太后王政君的出面干预下，"郊祀"制度几度出现反复。

汉平帝元始五年（5），大司马王莽发动新一轮的"郊祀"改制。他首先肯定了当初匡衡等的改制，但后又认为，仅仅在南郊祭"天"、北郊祭"地"于情不合，应该把"天"与"地"合并起来集中祭祀，

"天地合祭，先祖配天，先妣配地，其谊一也。天地合精，夫妇判合。祭天南郊，则以地配，一体之谊也"（《汉书·郊祀志》）。不但有"合"，还应有"分"，"天地有常位，不得常合，此其各特祀者也。阴阳之别于日冬、夏至；其会也，以孟春正月上辛若丁，天子亲合祀天地于南郊，以高帝（刘邦）、高后（吕雉）配……以日冬至使有司奉祠南郊，高帝配而望群阳；日夏至使有司奉祭北郊，高后配而望群阳"（《汉书·郊祀志》）。除此之外，王莽还为其他诸神排列了次序，并依照方位设置祭坛。总之是在都城外建立"南北郊坛"，并另依不同方位，在都城郊外另建"五帝坛"。另外还特地把"北郊坛"祭祀的"地后祇"提高为"皇地后祇"，为与其他坛内的"地祇""后土"等相区别。

光武帝刘秀创立东汉王朝的第二年（26），在洛阳城南七里处建"南郊坛"，这个祭坛也为一组综合祭祀建筑群，几乎把所有天神都放在了这组建筑群内祭祀。《后汉书·祭祀上》中描述主祭坛的形式为圆形，共三层，也是在八个方位上有台阶（鬼道）。最上层坛面上放"天"和"地"的神位；底层坛面较大，"五方帝"神位也在底层坛面上，因八个方位有台阶（鬼道），坛位也就自然都要比"正位"偏一些；大部分神牌都放在八个方位的台阶上，共放置三百六十个。主坛外有两重紫色壝（wéi）墙以像"紫宫"，皆四面设门，共八座门。内层壝墙内南路东西分别是日、月的坛或神位，北路之西是北斗的坛或神位。每座门的建筑内的四周还有神位，而建筑中央另有封土筑成的小坛摆放神位。

东汉明帝刘庄即位后，在永平二年（59）又改为按照《礼记·月令》于"五郊"祭天。因此在洛阳城外依照方位又分别建了"五（方）帝坛"。

西汉中期以前，祭祀天神的"南郊"制度并不清晰，或许是因为当时也缺少更早的文献记载，且儒者对天神体系的理解也并不统一。例如，在《史记·封禅书》中，雍城"四畤"中祭祀的"四帝"

同为"至上神"。另有"天神"庙，但没明确说"天神"为何。秦始皇时期，在咸阳城的渭南建造了"极庙"，祭祀的"至上神"无疑是北极神。西汉初期，是以"五（方）帝"作为"至上神"。到了汉武帝时期，谬忌称"太一"才是"至上神"，"五（方）帝"只是其"佐神"，并称"古者天子以春秋祭太一东南郊"。谬忌的说法可能并非空穴来风，新石器至两汉时期的很多考古发现，特别是两汉时期墓葬中的壁画、画像石和画像砖表现的内容，以及从很多神话描述的内容来看，在远古和中古时期的"至上神"还有"太阳神"。其实"五（方）帝"是从不同方位的太阳神转化而来，与商代之前在部分地区使用过的"十月太阳历"相关。在两汉之前，古人还创造出了北极附近天区的"五（方）帝"。另外，"五（方）帝"至晚在两周时期就分裂出了具有"神格"属性的"五（方）帝"（天神）和具有"人格"属性的"五（方）帝"（华夏始祖），等等。实际上，直至两汉时期，"至上神"依然混乱有两个主要原因。其一为较古老的"五（方）帝"属于"黄道带"天文崇拜体系，"太一"和后来创造的北极天区的"五（方）帝"属于"北极天区"天文崇拜体系，它们的渊源可能来自不同的地区或族团，大概在西周之前便开始并存。其二为这些"至上神"的变化，特别是分化出"神格"与"人格"的"五（方）帝"，是天文学（以历法为主）不断发展的结果。随着天文学的发展，人们对自然的天（宇宙）认识的缓慢进步，天神体系不得不向更抽象的"神格"和更具象的"人格"两个方面转化，就如同后来西方"日心说"的确立，直接挑战了西方由上帝主宰的"宇宙模型"。那么到底谁应该是"至上神"，天上有几个"至上神"等问题，也只是从分散多元的、显性的原始宗教，转化为大一统社会的隐性宗教过程中的观念之争，所以并不会有肯定的答案。例如，东汉时期经学大师郑玄总结的"上帝"是六个，即"昊天上帝"（太一）和"五（方）帝"。而三国时期的经学大师王肃认为"上帝"只能有一个，并且这类争论一直延续到以后的历史时期。唐朝经学大师孔颖达又提出了一种观点："天之诸神，莫大于日。祭诸神之时，日居群神之首，故云'日为尊'也。""天之诸神，唯日为尊。故此祭者，日为诸神之主，故云'主日'也。"（《礼记·祭义注疏》）总之在西汉中期之前，祭祀的主要天神和相应的礼制建筑一直是反复无常的。

在汉成帝时期，匡衡等明确地提出了"南北郊"的祭祀制度，其本质与谬忌乃至秦始皇一样，提出了只有一个"上帝"的概念，并第一次明确地确立了"南北郊"，这实际上也是宗教观念的重大进步，即从"圣地"祭祀改为都城近郊祭祀，节省了祭祀的社会成本，而神祇对祭祀者的"眷顾"并不会因此发生改变。汉平帝时期，王莽等又明确地提出了最主要的天神是六个，即"昊天上帝"（太一）和"五（方）帝"，但这六个"上帝"是有次序的，与汉武帝等的观点一致，并确定了"南郊坛"和不同方位的"五帝坛"的天神体系"郊祀"制度。

另外，从汉武帝时期开始，两汉时期还"恢复"了于"明堂"礼制建筑内的祭祀制度，作为"郊祀"天神制度的补充。西汉在明堂中祭祀"太一"，东汉在明堂中祭祀"五（方）帝"。

2　两汉至元朝时期的"南郊坛"

在两汉以后，祭祀天神的制度及相关的礼制建筑有四大特点或变化。（1）在都城的"南郊"制度再无重大反复，但"南郊坛"的形制多有变化。例如，梁的"南郊坛"的形式为圆锥去掉顶尖形；隋朝的"南郊坛"为圆形，为了能摆放更多的神位，共建有四层，祭坛的外面有两重墙墙。（2）从北周开始，在都城的东西郊开始建立独立的"日坛"和"月坛"（太阳神和月亮女神抽象的"神格"属性进一步加强）。(3)在北宋之前，间或有明堂类礼制建筑的建设，但南宋、辽、金、元，都取消了明堂祭祀制度。（4）在北宋之后，不再于四郊建独立的"五（方）帝坛"（"五帝"具象的"人格"属性进一步突出）。

从梁至隋，正史中记载了"南郊"的祭祀有三项主要内容：其一是祭祀"昊天上帝"；其二是行"祈谷"礼；其三是行"雩"礼，即"祈雨"。因此在史书中出现了"南郊坛""圜丘""圆丘""雩坛""祈谷坛"等不同的称谓，"圜丘"即"圆丘"。

截止到隋朝，有关"南郊坛""圆丘""圜丘""雩坛""祈谷坛""五帝坛（五方坛、五郊坛）"的记载，可以总结如下。（1）有时"南郊坛"名"祈谷坛"，与"雩坛"实为一坛两用，只是使用的季节时令不同。祈谷为正月上辛日，祈雨从孟夏四月开始，以后视旱情增加祭祀次数，如后齐朝。（2）有时"南郊坛"名"祈谷坛"，与"圜丘"实为一坛两用，只是使用的季节时令不同。圜丘祭天在冬至日，但有别于"雩坛"，如梁朝。（3）有时"南郊坛"名"祈谷坛"，既有别于"圜丘"，又有别于"雩坛"，如隋朝。（4）另有"五帝坛"分时节祭祀"五（方）帝"，祭祀时间分别为立春、立夏、季夏（"土王日"，阴历六月，立秋前18天）、立秋、立冬。

至隋朝，在宗教方面，"五（方）帝"的神格特征有再一次被弱化的趋势。《隋书·礼仪》总结说："秦人荡六籍以为煨烬（灰烬），祭天之礼残缺，儒者各守其所见物而为之义焉。一云：'祭天之数，终岁有九，祭地之数，一岁有二。圆丘、方泽，三年一行。若圆丘、方泽之年，祭天有九，祭地有二。若天不通圆丘之祭，终岁有八；地不通方泽之祭，终岁有一。'此则郑学（郑玄之学）之所宗也；一云：'唯有昊天，无五精之帝。而一天岁二祭，坛位唯一。圆丘之祭，即是南郊，南郊之祭，即是圆丘。日南至（冬至），于其上以祭天。春又一祭，以祈农事，谓之二祭，无别天也。五时迎气，皆是祭五行之人帝太昊之属，非祭天也。天称"昊天"，亦称"上帝"，亦直称"帝"。五行人帝亦得称"上帝"，但不得称"天"。故五时迎气及文、武（周文王和周武王）配祭明堂，皆祭人帝，非祭天也。'

此则王学（王肃之学）之所宗也。梁、陈以降，以迄于隋，议者各宗所师，故郊丘互有变易。"这段总结更为激进，根本就不承认"神格"的"五（方）帝"的存在。

唐朝的"南郊坛"等是直接继承了隋朝的。"每祀则（昊）天上帝及配帝（以'人帝'配祀）设位于平座……五方上帝、日月、内官、中官、外官（皆为星官）及众星，并皆从祀。其五方帝（黄道体系五方帝）及日月七座，在坛之第二等；内五星（五帝星，北极天区体系五方帝）以下官五十五座，在坛之第三等；二十八宿以下中官一百三十五座，在坛之第四等；外官百十二座，在坛下外壝（坛墙）之内；众星三百六十座，在外壝之外。""孟春辛日，祈谷，祀感生帝于南郊（感生帝的概念是每个朝代的皇帝必是'感生'于上天轮流执政的'五方帝'之一，即'奉天承运'）……孟夏之月，雩祀昊天上帝于圆丘……五方上帝、五人帝、五官并从祀……祀五方上帝于明堂。"（《旧唐书·礼仪》）

北宋开封的"南郊坛"初为圆形四层。建筑群中已记载有"棂星门"和"表"这两种重要的建筑形式，另有"正殿"、"便殿"、"大次"（皇帝祭祀时临时休息的帐篷）和焚烧祭品的"燎坛"。因陪祭的天神太多，还要在坛外地面上立桩以青绳围之，作为在地面上摆放神牌的界线。在宋徽宗时期，礼制局建议改为三层，并以"九"为尺寸的模数，以符合"《干（乾）》之策也"，即一层直径八十一丈，二层直径五十四丈，三层直径二十七丈，每层高二十七尺。（《宋史·礼仪》）这个祭坛的尺度非常巨大，至于是否改建成功，就不得而知了。

南宋临安的"南郊坛"又复为圆形四层，在祭坛的东南建有方形的"燎坛"；祭坛外有三重坛墙。

隋唐、北宋初期和南宋的祭坛的特别之处，是在十二个方位上设有十二组台阶（鬼道），加之每两组台阶之间共有十二个空位，实际上就是把祭坛的圆面分为二十四份。那么其中的"四"层可对应"两分两至"，"十二"可对应"十二宫""十二次""十二月"，

"二十四"可对应"二十四节气"，因此这些数字可以附会于"天数"。

史书记载辽是以位于山上的"祭山仪"的形式祭祀天神、地祇，因此不设南北"郊坛"。金的"南郊坛"为圆形三层，并继承了十二组台阶的方式；坛墙三重，每面坛墙有一门；斋宫在东北，厨库在南。

元的"南郊坛"为圆形三层，但只有东西和南北四组台阶（鬼道），每组台阶十二步；坛墙两重，每面墙上有一座门，在外坛墙内东南有"燎坛"。另外记载有外垣墙，南墙有棂星门三座，东西墙各有棂星门一座。其他内容的记载也比较详细："外坛墙南门之外，有中神门五间，两侧有诸执事斋房六十间皆北向。执事斋房端皆有垣，直抵东西外垣墙，各有门，以便出入；外坛墙南门外，偏西有香殿三间，南向。偏东有馔幕殿五间（用于存放神主、牌位和祭器等），南向；外坛墙东门外偏北有省馔殿一间（用于存放、查看上供食物），南向；在外坛墙之外东南为神厨院。内有神厨五间，南向。祠祭局三间，北向。酒库三间，西向；在神厨院南垣之外有献官斋房二十间，西向。在献官斋房之前有齐班五间，西向；在外垣墙南门之外，偏东，有涤养牺牲所，西向。有内牺牲房三间，南向。"（《元史·祭祀》）

3 明朝"南郊坛"最终的创制

《明史·吉礼》载："大祀十有三：正月上辛祈谷、孟夏大雩、季秋大享（谷熟之时的祭祀，来源于祭祀五方帝）、冬至圜丘皆祭昊天上帝……"

明初的"南郊坛"建于南京城的正阳门外，钟山之阳。祭坛为圆形两层，东西南北四面出台阶（鬼道），每个方向上均有台阶十八步。第一层的南面台阶宽一丈二尺五寸，其余三面台阶宽一丈一尺九寸五分；第二层南面台阶宽九尺五寸，其余三面台阶宽八尺一寸。台阶两侧有扶手墙,外贴琉璃;祭坛外有两重坛墙及外垣墙,每重坛墙南面有棂星门三座,其余方向各有棂星门一座。在内坛墙外东南有"燎坛",外坛墙东门外还有"天下神祇坛";另有神库五间、厨房五间、库房五间、宰牲房三间、外库房、执事斋舍、天池等分布在不同位置,在外门外横甬道之东西有两坊……

洪武四年(1371),改筑圜丘,主要是缩小尺寸。

洪武十年(1377)秋,太祖朱元璋感斋居阴雨,又览京房灾异之说,觉得对待"天""地"就应犹如对待父母一样,因此认为原来分开祭祀"天""地"的祭祀制度"情有未安",于是命作"大祀殿"于"南郊坛",并把孟春之月合祀"天""地"作为永制。永乐十八年(1420),明成祖朱棣又在北京复制了南京的"南郊坛"。

由洪武皇帝创制的"大祀殿"是直接建在圜丘坛上,建筑平面为长方形,南北进深十二间,东西面阔三十二间。殿中石台设昊天上帝和皇地祇座。

明嘉靖九年(1530)修订《明伦大典》,明世宗朱厚熜亲自研究传统的祭祀制度,问大学士张璁:"《尚书》称燔柴祭天,又曰'类于上帝'。《孝经》曰:'郊祀后稷以配天,宗祀文王(周文王)于明堂以配上帝',以形体主宰之异言也。朱子(朱熹)谓,祭之于坛谓之'天',祭之屋下谓之'帝'。今大祀有殿,是屋下之祭帝耳,未见有祭天之礼也。况上帝皇地祇合祭一处,亦非专祭上帝。"(《明史·吉礼》)

明世宗的提问,一针见血地提出了有关中国古代至上神祭祀理论的根本性问题。其一,对(昊天)上帝为什么有时称为"帝",而有时又称为"天"?其二,祭"天"和祭"帝"有什么区别?其三,洪武皇帝制定的合祭"上帝"和"皇地祇"的制度并非等同于祭祀"上帝"。这些问题其实也是经常困扰各朝并引起激烈争论的祭祀理论问题,其中宋理学家朱熹的解释比较清晰,并符合祭祀观念发展的结果。《宋史·吉礼》中载朱熹为"南北郊"之辩时说:"或问:

郊祀后稷以配天，宗祀文王以配上帝（周公定下的祭祀制度，"宗祀"即在宗庙中祭祀），帝即是天，天即是帝，却分祭，何也？曰：为坛而祭，故谓之'天'；祭于屋下而以神祇祭之，故谓之'帝'。"朱熹对"或问"的回答，表面上可以理解为在露天的祭坛上祭祀"昊天上帝"时就称为"天"，在宗庙或明堂室内祭祀时就称为"帝"。暗含的意思为"天"为更偏重于自然神的抽象"神格"属性，"帝"为更偏重于社会神的具象"人格"属性。这个观点反映了天神概念在历史发展过程中逐渐出现分化的事实，即"神格"与"人格"的分化。

另外，在中国古代的文化观念中，祭祀"活着"的"抽象"的神祇理应在露天的神坛上，便于神祇与祭祀者的承接沟通（"抽象"的神祇也无畏风雨）；祭祀"死去"的"具象"的神祇也就是"人鬼"才应当在祠庙内（"具象"的神祇才畏惧风雨）。正如《礼记·郊特牲》中记载："丧国之社，屋之。"既是阻隔了祭祀者与上帝（昊天上帝或五方帝）之间的承接沟通，也暗示旧政权（国家）的"天运"已亡，从此无法得到神祇的护佑。因此要"以神祇祭之"，表明此时"屋下"祭祀的上帝更偏重于"人格"的属性，此"神祇"二字接近于"人鬼"。

洪武皇帝在祭坛上建"大祀殿"，并且合祭"昊天上帝"与"皇地祇"。这一行为事实上等同于将"明堂"搬于祭坛之上，因此，它也致使祭祀"活着"的"抽象"的"昊天上帝"时缺少了一定的礼仪。

对于明世宗改制的想法，大臣们的回答多模棱两可，礼科给事中王汝梅等更是诋毁这一想法，明世宗便命礼部组织大臣讨论相关事宜。结果是，坚决主张南北分祭者，以都御史汪𬭎为代表共82人；主张分祭，但又应慎重修改现行祭祀制度或认为现在条件还不成熟者，以大学士张璁为代表共84人；主张分祭，而以现有山川坛为方丘者，以尚书李瓒为代表共26人；主张合祭而不以分祭为非者，以尚书方献夫为代表共206人；不置可否者，以英国公张仑为代表共 198 人。因此礼部奏曰："臣等祗奉敕谕，折衷众论。分祀之义，合于古礼，但坛壝一建，工役浩繁。《礼》，屋祭曰'帝'，夫既称'昊天上帝'，则当屋祭。宜仍于大祀殿专祀上帝，改山川坛（今先农坛区域内）为地坛，以专祀皇地祇。既无创建之劳，行礼亦便。"（《明史·吉礼》）这一结论显然没有厘清"天"与"帝"的不同，并不能让明世宗满意，但因看到没有坚决反对分祭者了，明世宗复谕当遵皇祖最初的旧制，露祭于坛，分南北郊，以冬至和夏至日行事。命户、礼、工三部和给事中夏言等到南郊择地。"大祀殿"之南的南天门外本有自然之丘，大臣们认为其位置偏东，不宜袭用。夏言复奏曰："圜丘祀天，宜即高敞，以展对越之敬。大祀殿享帝，宜即清閟，以尽昭事之诚。二祭时义不同，则坛殿相去，亦宜有所区别。乞于具服殿稍南为大祀殿，而圜丘更移于前，体势峻极，可与大祀殿等。"（《明史·吉礼》）于是建"圜丘坛"，圆形三层，四面设台阶（鬼道），是年十月完成，用于冬至祭祀"昊天上帝"（"天"的属性）。另在"圜丘坛"外泰元门之东建"崇雩坛"，圆形一层。清乾隆十四年（1749），对明朝的"圜丘坛"进行了扩建。

现天坛礼制建筑体系内遗留的"皇穹宇"（初名"泰神殿"）和东西配殿始建于明嘉靖九年（1530），它们与"圜丘坛"位于同一中轴线上。"皇穹宇"重檐圆形攒尖顶，用于存放并供奉祀天大典的昊天上帝的神牌；东配殿内存放并供奉大明之神（太阳）、北斗七星、金木水火土五星、周天星辰等神牌，西配殿内存放并供奉夜明之神（月亮）、云雨风雷等神牌。清乾隆十七年（1752）改建为单檐圆形攒尖顶……

明嘉靖十七年（1538）原有方形"大祀殿"被废。明嘉靖十九年至二十四年（1540—1545）在原址上建成三重顶圆形的"大享殿"，用于供奉并祭祀"昊天上帝"（"帝"的属性）和行"祈谷礼"。后"祈谷礼"改在大内之玄极宝殿（前期利用钦安殿，后在今中正殿处新建），最终与"籍田礼"合并于先农坛。

图 2 北京天坛圜丘坛 1

图 3 北京天坛圜丘坛 2

图 4 北京天坛圜丘坛内壝墙与北棂星门

图 5 北京天坛祈年殿

图 6 北京天坛皇乾殿

图 7 北京天坛祈谷坛

在明朝最终的天坛礼制建筑体系中，圜丘坛与大享殿并存。这显然是接受了朱熹的观点，即区分"天"与"帝"。

图 8　北京天坛皇穹宇

　　清乾隆十六年（1751）重修"大祀殿"，更换蓝瓦金顶，并正式将"大享殿"更名为"祈年殿"，用于孟春行"祈谷礼"。祈年殿坐落的坛也就名为"祈谷坛"。

　　最北的"皇乾殿"（初名"天库"），初建于明永乐十八年（1420），六开间黄琉璃瓦庑殿顶，用于存放并供奉祭祀"昊天上帝"和陪祭的皇祖神位。明嘉靖二十四年（1545）重建，改为五开间。清乾隆时又改覆蓝琉璃瓦。（图2—图8）

4　"南郊"建筑体系的空间艺术

　　中国古代社会礼制建筑体系是因祭祀的神祇而设，但又绝非为仅在功能上可满足奉神与开展祭祀活动的简单的空间场所。在礼制建筑体系的产生与发展过程中，特别是高等级的礼制建筑体系，既要符合相应神祇的属性，又要足以充分展示伴随着祭祀活动本身虔诚的仪式感，以及其所引发并宣示的神圣感、神秘感与等级暗示等复杂的内容，因此便产生了礼制建筑体系空间的文化艺术特征。

从历史文献记载和遗留至今的礼制建筑实例来看，中国传统礼制建筑体系在文化艺术空间特征方面，与相应神祇的属性和祭祀活动的神圣感与神秘感等相契合，主要有以下三个方面。

其一，与高度抽象的"宇宙常数"及与之相关的各种文化观念相契合。所谓"宇宙常数"，就是古代"术数"或"数术"的重要内容，所表达的就是由神祇主宰的"天人合一"的宇宙的神圣与神秘的规律。这些"规律"是古人在"天学"（区别于现代意义的天文学）的探索与神祇的创制过程中逐渐"发现"和"感悟"到的，也包括很多"天垂象"的具体内容。即便是在当下，依然还有很多人对此深信不疑。所以这些"规律"，在创制于古代社会礼制文化的吉礼中，是必须着重遵循的核心内容。例如，据说在古帝王与皇家祭祀祖先的宗庙中，很早就有"天子七庙"的规定。"七"就是最重要的"宇宙常数"。因为在古人的观念中，与人类生存最相关的太阳（太阳神）的运行轨迹为"七衡"（盖天说有"七衡六间"之说），并且作为最重要的天神的"大辰"之一的北斗有"七星"，等等，这些都属于"天道"的具体反映。那么相应地，在"天人合一"的宇宙体系构架中，下层的人间就要依"天道"而行"七政"（春、秋、冬、夏、天文、地理、人道）。而在这一宇宙体系架构中，古帝王和皇帝是以"天子"的身份"代天而治"，所以他们祭祀祖先的辈数与庙号数等，就要与"七"相对应，以体现"天子"的特殊性，即"天子"与"天"（上帝），乃至神秘的宇宙"规律"的关联性。又如，祭祀至上神的南郊坛的层数最终定为"天数""三"，相关尺寸也多为三的倍数。另外，四、八、十二等祭坛的台阶（鬼道）数也同样为"宇宙常数"。再如，《大戴礼·明堂》

载："明堂者，古有之也。凡九室：一室而有四户、八牖，三十六户、七十二牖。以茅盖屋，上圆下方……赤缀户也，白缀牖也。二九四七五三六一八。堂高三尺，东西九筵，南北七筵，上圆下方。九室十二堂，室四户，户二牖。"这些数字以及如明清北京天坛祈年殿和圜丘坛等各类建筑部位或构件等所对应的数字等，皆为"宇宙常数"或其倍数。其中"二九四七五三六一八"就是"洛书"九宫格数字和结构。

在最新解读的"清华简"中，有一篇名为《五纪》的文章，出自 126 支简（原应有 130 支简），约有 4450 字，篇幅与《道德经》相当。该文讲述了"后帝"通过修"五纪"（日、月、星、辰、岁）整治秩序的故事，其中有 30 位神祇司掌"五德"（金、木、水、火、土）。在《五纪》中还有关于"宇宙模型"的概念，内容有"天""地""四荒""四厷（yín）""四柱""四维"等。其中"四厷"指四个（行进）方向，"四柱"指支撑着天的四根柱子，"四维"指天球及其方位。另外，"天""地""四荒"又称为"六合"，就是六面体的宇宙空间。其他文献记载有"八柱""八维"等学说，如东方朔《七谏·自悲》："引八维以自道兮，含沆瀣以长生。"屈原《天问》："八柱何当，东南何亏？"对"清华简"中这些内容的解读，无疑又丰富了我们对古代术数所代表的"宇宙常数"含义的认识。

在中国传统文化中，上述"宇宙常数"也只有在一些重要的礼制建筑中，才被集中地转化为具体的空间内容与空间形象。

其二，为此创造了与神祇属性和祭祀活动等相契合的或复杂、或具象征性的单体建筑形式与形象。例如，中国历史文献中最早出现的礼制建筑可能当数周文王的灵台，这一建筑体系空间区域既属于园林，又属于礼制建筑。而灵台就是抽象地模仿可通往神界的"山岳""天梯"，也就是抽象地模仿可通往神界的"昆仑山"。再如，中国传统建筑虽然形象、种类相对单一，但通过群体组合能拥有广泛的适应性，如歇山顶建筑既可用于皇宫，又可用于礼制、宗教、陵墓、衙署（高等级）、皇家园林等建筑体系中。而从《二十五史》中的《封禅书》《郊祀志》《祭祀》《本纪》《礼仪》《吉礼》等相关内容的记载来看，历代皇帝与众臣对礼制建筑的内容与形式等，多有讨论甚至是反复争论。最终确定的如祭坛、明堂、辟雍、灵台，以及遗留至今的天坛祈年殿等，却成了非广泛适应的单体建筑。这些单体建筑，当属中国古代社会创造的或复杂、或具象征性的单体建筑的形式与形象。

另外，造型复杂、独特并具象征性的单体建筑，还有如清皇家园林圆明园中的方壶胜境、蓬岛瑶台、海岳开襟等景区的核心建筑，均属于泛宗教建筑（显性与隐性宗教兼具内容的空间载体）。

其三，为此创造了与神祇属性和祭祀活动等相契合的，庄严性、神圣性、神秘性与丰富性等相结合的建筑群体组合形象。在《二十五史》中，朝代越往后，对礼制建筑体系的单体建筑形式和群体组合形式的描述越具体。如果说在礼制建筑体系中，某些重要的单体建筑形象，是以象征性等为重要特征，那么某些重要的建筑群体组合形式，是以空间序列的庄严性、神圣性、神秘性与丰富性等相结合为重要特征。

抛开历史文献的记载，仅以明清时期北京紫禁城的中轴线与天坛的中轴线相比较，两者的空间序列皆具有庄严性和神圣性等特点，但在神秘性和丰富性等方面，显然天坛更胜一筹，其中包括序列中丰富多样的单体建筑的形象、体量和色彩，各个单体建筑之间的各种关系和天际线的起伏变化，各个单体建筑与所处空间场地形式的呼应，最重要的圜丘坛、祈年殿、祈年坛及内外垣墙围合的空间与天空的呼应关系等，还包括中轴线与两翼可视的空间的对比关系等。其复杂多变的空间要素内容与空间处理手法，以及它所产生的空间的视觉形象效果，也成了中国传统建筑体系中，轴线空间处理手法与艺术性最为典型且独特的范例。

近代早期北京城市建筑中的"西风东渐"

王子鑫　北京建筑大学硕士研究生

杨一帆　北京建筑大学副教授

唐鑫禹　北京建筑大学硕士研究生

杨　皓　北京建筑大学硕士研究生

内容提要：西方建筑文化在近代以多种途径传入北京，与传统城市建筑体系碰撞融合，构成了城市丰富的历史景观层次，其中早期的建设活动和传播脉络，不仅记录了传统社会对西方建筑的最初态度和反应，也是后续西式建筑在华发展变迁诸多现象产生的根源。本研究通过历史文献资料梳理及建筑实例的比较分析，从社会历史背景和文化传播的角度，初步归纳出"传教行为主导""清廷统治者个体意趣主导""殖民及商业行为主导""精英阶层自主改革"四条发展脉络，以此梳理近代早期北京西式建筑发展的时空特点。

关键词：北京；西式建筑；建筑活动

　　北京近代建筑发展研究的一个重要问题是西方建筑的输入与传播。自明末清初传教士来华，至 19 世纪中叶的西方文化涌入，北京一直处于中西文化冲突、融合的矛盾中。[①] 北京近代早期出现的西式建筑，是复杂社会背景下西方文化传入的实物记录。厘清其发展规律，有助于建立完整的北京近代建筑史谱系，为建筑遗产的价值保护提供依据，同时也为北京近代史研究提供参考。

　　现有近代建筑史研究中不乏有关西方建筑文化传入的研究，杨秉德《早期西方建筑对中国近代建筑产生影响的三条渠道》，论述了近代西方建筑传入国内的三种途径，即"教会传教渠道""早期通商渠道"与"民间传播渠道"；刘亦师《中国近代建筑发展的主

---

① 参见王世仁等主编《中国近代建筑总览·北京篇》，中国建筑工业出版社 1993 年版，第 1 页。

线与分期》以"近代化"为线索，将西方建筑文化的传播总结为三大类型，即"外力影响下外国人主导的建筑活动""由中国政府主导的近代建设"和"中国民间的近代化建设"。上述成果对于研究北京近代的西方建筑传入过程具有借鉴意义。

对于北京而言，西方建筑传播路径的特殊性在于清廷皇家统治者的介入。将北京单独作为研究对象并将皇家建筑活动纳入研究视野的是王世仁、张复合的《北京近代建筑概说》，其将西方建筑的传入总结为三类突出的行为，即"基督教堂建筑""乾隆时期的欧式建筑"及"清末时期的洋风建筑"；王世仁《中国近代史的界标——对北京近代建筑的再认识》，初步系统地将北京近代建筑发展总结为六种建筑现象与四种样式类型；张复合《北京近代建筑史》则以样式研究为出发点，将近代早期的西式建筑归纳为"西洋楼式"与"洋风"两类。

本文在借鉴既有研究的基础上，从北京近代早期社会背景与建设活动两方面视角切入，对西式建筑传入过程进行梳理，总结其主要发展脉络。

1　近代北京的西方文化输入与传播

建筑活动是社会文化与经济发展共同作用的结果。对于北京近代早期西式建筑传播的研究，首先需把握近代北京在文化交流层面的社会背景。中西文化的交流源远流长，自元代起进入了新的阶段，并同西方文化逐渐接近，同印度文化逐渐疏远[①]；资本主义出现后，葡萄牙人于 16 世纪首先登陆中国沿海城市进行贸易与传教活动。对于北京而言，西方科学技术和文化最初由传教士引介，明末利玛窦入京觐见万历皇帝，开启了中西文化交流的大门。自康熙朝"礼仪

---

① 　参见向达《中西交通史》，岳麓书社 2012 年版，第 7—8 页。

之争"后，清廷统治阶层实行禁教政策，西方文化传播停滞。不过总的来讲，中西文化交流一直以相对平等的方式进行着，西方的科学技术与文化思想对传统社会影响甚微。

1840 年鸦片战争使中国结束独立发展的历史进程，被迫卷入资本主义世界。继而西方文化的传入过程发生了深刻变革：传播过程突然加速，性质由"交流"转化为"灌输"。随之涌进的西方思想与生活方式在各个层面对中国社会产生着冲击。北京作为明清之都城，变革具有滞后性，鸦片战争并未给北京各阶层人们的生活带来太大影响，在沿海城市半殖民地化过程中，北京依旧是封建帝王与旗人贵族的安全堡垒。[①] 直至 1860 年英法联军入侵北京后，西方文化才开始在城市建筑、社会生活、行为心理等方面逐渐影响北京社会各阶层，自统治者至民间各阶层均开始出现自主的效仿和援引推介的尝试。辛亥革命推翻了清政府的统治，其间尽管社会局势动荡，重大历史事件频发，西方文化在国人各阶层的传播却未受影响，并有加速之势。

北京近代西方建筑的传入过程也大体遵循西方文化在北京的输入规律。因而相较学界普遍对于中国近代建筑史以 1840 年的划分，北京则应以 1860 年第二次鸦片战争结束为标志，此前的西方建筑传入活动主要表现在统治阶层对西方建筑的扬弃行为。1860 年后的半个世纪内发生了深刻的变革，外力殖民输入与国人自主改革行为共同作用，西式建筑活动增多，功能与形式风格呈多元化发展。

2 北京近代早期西式建筑发展概况

本研究首先通过历史文献研究、建筑遗产调研，梳理北京近代早期西式建筑案例，以时间、地点与主导人或设计师为研究要点进

---

① 参见陈越《北京东交民巷近代历史地段及其建筑研究》，硕士学位论文，清华大学，2002 年。

行筛选，初步归纳其发展的时空特点，结合建设背景梳理，厘清北京近代西式建筑发展的主要脉络。（表1）

表1 北京近代早期典型西式建筑概览[①]

序号	建筑名称	始建年代	地址	主导/设计者
1	利玛窦墓	1610	西直门外	龙华民
2	南堂	1650	宣武门	汤若望
3	东堂	1655	王府井	利类思
4	俄罗斯北馆建筑群	1689	东直门	
5	北堂	1693	蚕池口	热拉弟尼
6	西堂	1723	西直门内	德理格
7	慈云普护自鸣钟楼	1724	圆明园	雍正
8	圣玛利亚教堂	1732	东交民巷	
9	"圆明园西洋楼"建筑群	1745	长春园	乾隆/郎世宁
10	丰泽园静谷门	1751	丰泽园	乾隆
11	颐和园养云轩西洋门	1756	颐和园	乾隆
12	恭王府萃锦园门	1776	恭王府	和珅
13	英国公使馆	1861	东交民巷	
14	法国公使馆	1861	东交民巷	
15	德国公使馆	1862	东交民巷	
16	比利时公使馆	1866	东交民巷	
17	西班牙公使馆	1868	东交民巷	
18	意大利公使馆	1869	东交民巷	
19	奥匈帝国使馆	1869	东交民巷	
20	亚斯立堂	1870	崇文门内	美以美会

① 参见张复合《北京近代建筑史》，清华大学出版社2004年版，第343—346页。

序号	建筑名称	始建年代	地址	主导/设计者
21	日本公使馆	1884	东交民巷	片山东熊
22	清晏舫	1893	颐和园	慈禧
23	法国邮政局	1894	东交民巷	
24	华俄道胜银行	1897		
25	葡萄牙使馆	1900	东交民巷	
26	圣米厄尔教堂	1901	东交民巷	高加理
27	潞河中学早期建筑群	1901	潞河镇	公理会
28	汇丰银行	1902	东交民巷	斯科特
29	六国饭店	1902	东单	瑞和洋行
30	正阳门西车站	1902	正阳门	
31	同仁医院建筑群	1902	崇文门	
32	汇文大学校建筑群	1902	崇文门	美以美会
33	京师大学堂建筑群	1903	沙滩后街	
34	美国使馆	1903	东交民巷	尼利
35	正阳门东车站	1903	正阳门	
36	中海海晏堂	1904	中海	慈禧
37	公理会教堂	1904	灯市口	
38	户部银行	1905	西交民巷	
39	京师法律学堂	1905		
40	陆军贵胄学堂	1906	张自忠路	
41	农事试验场建筑群	1906	西直门外	沈琪
42	京师劝工陈列所	1906	广安门外	慈禧/诚璋/柏锐
43	日本新公使馆	1907	东交民巷	真水英夫
44	祁罗弗洋行	1907	东交民巷	
45	南沟沿救主堂	1907	佟麟阁路	史嘉乐
46	德华银行	1907	东交民巷	倍高

序号	建筑名称	始建年代	地址	主导 / 设计者
47	陆军部衙署	1907	张自忠路	沈琪
48	溥利呢革厂房	1908	清河镇	陆军部
49	京师自来水厂建筑群	1908	东直门	瑞记洋行
50	京师女子师范学堂建筑群	1909	宣武门内	
51	京师模范监狱	1910	宣武门外	
52	外务部迎宾馆楼	1910	外交部街	坚利逊
53	横滨正定银行北京分行	1910	正义路	森川范一
54	怡和洋行	1911	东交民巷	
55	北京俱乐部	1911	东交民巷	罗克格
56	大理院	1911	天安门西	通和洋行
57	军谘府	1911	西安门内	
58	清华学堂早期建筑群	1911	清华园	顺泰洋行
59	国会议场建筑群	1912	佟麟阁路	
60	宝蕴楼	1913	故宫	
61	盐业银行	1913	西河沿	沈理源
62	劝业场	1914	廊坊头条	
63	京师市政公所	1914	西长安街	
64	香厂新市区建筑群	1914	香厂	朱启钤
65	顺天中学堂校门	1915	地安门西	
66	麦加利银行	1915	东交民巷	沈德工程司
67	北京水准原点	1915	西安门	真水英夫
68	中央公园建筑群	1915	中央公园	朱启钤
69	中原证券交易所	1917	西河沿	
70	北京饭店	1917	东长安街	永和营造公司
71	东方汇理银行	1917	东交民巷	通和洋行
72	邮政管理总局	1919		通和洋行

依据案例的时间分布，北京近代西式建筑存在缓慢发展到突然加速增长的特征，同时伴随发展过程，其空间分布的变化也从侧面反映了西方城市建筑模式在北京城市中的发力点和扩张形势。17世纪早期的西式建筑均为教堂或传教活动的附属建筑，基于传教活动的特点，均匀分布于京城各地；自18世纪以来，逐渐出现了分布在皇家园囿的新兴西式建筑，如圆明园西洋楼建筑群，以及零星出现的西洋门、西洋钟楼等；18世纪中叶以后的近百年内，西式建筑活动发展停滞；直至1860年第二次鸦片战争后，西式建筑再次以殖民主义色彩的建筑形式出现，并集中于东交民巷地区，包括列强设立的各国公使馆，也开始出现外来的西式商业建筑，包括银行、邮局、饭店等；20世纪初在新政及辛亥革命的社会背景下，再次进入西式建筑建设活动的高潮期，伴随着功能的多元化，大批西式建筑集中建设，分布范围也逐步扩张。

依据北京的中西文化交流背景与西式建筑的时空特点，可初步窥得北京近代西式建筑的发展规律。最早出现于北京的几幢教堂建筑是传教活动的产物，建筑由传教士主导修建，并且时间跨度长，贯穿于北京近代早期各时段。皇家西洋建筑出现的形式与规模则受到统治阶层个体的主观影响，与历代皇帝对西方器物的接纳程度有关，也随着封建统治阶级的覆灭而消逝。自嘉庆朝开始的禁教政策，使得中国主动接纳西方建筑的行为停滞。1860年后西式建筑再次涌入北京，伴随殖民主义的来临，这些建筑多由外国政府、商人及建筑师主导。后在清末新政与北洋政府执政等纷繁复杂的社会背景下，精英阶层展开了对新式公共建筑建设中的西方建筑形式的探索。

由上述发展规律，可将北京近代早期的西方建筑传入分为四条脉络：（1）传教行为主导的西式建筑活动；（2）清廷统治阶层个体意趣主导的西式建筑活动；（3）殖民及商业行为主导的外来建筑活动；（4）精英阶层的自主西式建筑改革活动。北京近代早期的西式建筑传入过程看似复杂，但均不离上述四条脉络，或遵循其中一脉发展，或受多种脉络相互交织影响。

3 北京近代早期西式建筑的建设与传播谱系

3.1 传教行为主导的西式建筑活动

伴随着传教行为兴起的教会建筑活动是西方建筑传入北京的开端，并贯穿北京近代建筑发展始终。此类建筑包括教堂、教士住宅、教会医院、学校等，主要由外国传教士或教会主导建设。

作为传教活动的主体物质媒介，各教堂的建设活动是此脉重点。北京于元朝开始出现教堂建筑，传教士入京后，逐步开始了成规模的教堂建设。"礼仪之争"后的禁教政策虽然限制了传教活动，但教堂建筑发展并未受到太大影响，部分教堂即使受到破坏，也在雄厚资金支持下得以重建或修复，过程中建筑样式有所变化。较为典型的是"四堂"的建设与变迁。（表2）教堂建筑活动也与统治阶层的志趣互相影响，例如圆明园西洋楼的建设在某种程度上是传教士为挽救传教活动的产物。"教士既不能致力于教会建筑，为解救教会所遭遇之禁阻计，又不能不为清帝效力，以图转圜，圆明园之西式楼殿等即在此种情况下产生也。"[①] 不同朝代统治者的态度也对教堂建设产生影响：如北堂最早是因传教士以西洋之药治愈康熙帝疾病得以赐地建造，而至光绪朝时，慈禧因对教堂高度不满以及用地纠纷问题，勒令北堂迁移至西什库。

---

① 方豪：《中西交通史》，上海人民出版社2008年版，第656页。

表 2 北京"四堂"的建设与变迁 ^①

名称	照片	变迁
南堂		1605 年宣武门建礼拜堂,为其前身;1650 年于其址建南堂;1712 年康熙赐银重建为欧式风格;1720 年地震遭毁,斐迪南三世出资重建;1730 年毁于地震,雍正赐银重建;1775 年毁于火,乾隆赐银重建;1900 年义和团运动被毁;1904 年重建
东堂		1655 年由民居改建;1662 年重建为欧式风格;1703 年重建;1720 年毁于地震;1721 年重建;1807 年拆毁;1884 年国外出资重建;1900 年义和团运动被毁;1904 年重建
北堂		1703 年于中海蚕池口建"救世堂",为其前身;1867 年重建;1887 年迁至西什库
西堂		1723 年德理格于西直门购置院落建教堂;1867 年重建;1900 年义和团运动被毁;1912 年重建

① 参见金莹《北京地区天主教教堂建筑研究》,硕士学位论文,中国矿业大学(北京),2011 年。

①　②　③　④

①图1　圣米厄尔教堂
②图2　俄罗斯北馆东正教堂
③图3　南沟沿救主堂

近代北京教堂建筑形式呈现多样化，形式多移植自西方各国当时的教堂流行风格。如位于东交民巷的圣米厄尔教堂具有明显的哥特式风格（图1）；俄罗斯北馆东正教堂为拜占庭风格（图2）；也有中西合璧的折中风格，如南沟沿救主堂，平面为拉丁十字式，十字相交处则以八角藻井为基础饰以中国传统八角亭（图3）。

3.2 清廷统治阶层个体意趣主导的西式建筑活动

北京近代建筑区别于其他地域的特殊之处，在于存在体现统治阶层个体意趣的一系列西式建筑。考虑到中央集权的制度背景，这一线索的研究关键，聚焦到清廷统治阶层个体对西方建筑的接纳态度与偏好。

整体而言，明末至清时期西方建筑文化对统治者的吸引力不高。部分统治者虽对西方科技持有兴趣，却唯独对西方建筑持鄙夷态度。[①] 少数统治者对西方建筑持中立或认可态度，侧重的方面又有差异：雍正帝喜好西洋机械的精巧；乾隆帝认可西式建筑与喷泉的精美；慈禧对于西式建筑有不屑与自卑交织的矛盾心理，但钟爱奢华与精美的西洋装饰器物；宣统帝则受太傅庄士敦的影响对西方科学与文化以及新式生活产生向往。[②]

---

① 如明万历帝嘲笑西方高大的宫殿既危险又不方便；康熙帝看过西方建筑图纸后认为西方城市又小又穷，不得已住在半空中；嘉庆皇帝则表示由于自身性格不喜珍奇。

② 参见李晓丹《17—18世纪中西建筑文化交流》，博士学位论文，天津大学，2004年。

⑤

⑥

⑦

西式建筑也伴随着统治者的态度变化呈现不同形式：明末至康熙朝的西式建筑实体均是西方科技的附属产物，包括天文台、自鸣钟楼等；雍正朝出现了西洋门、西洋栏杆装饰等；乾隆朝成规模地出现西式建筑，以圆明园西洋楼建筑群为代表；清末光绪朝在慈禧太后的个人好恶影响下建设了一批装饰杂糅的中西合璧建筑，如清晏舫、中海海晏堂等，装饰设计日趋繁复；宣统朝时溥仪则关注内部空间的西式改造，如将寝宫丽景轩改为西餐厅等。种种西式建筑的呈现在一定程度上促进了西方建筑的本土转译行为。

值得注意的是，此脉建筑活动的研究中除建筑实例体现清廷统治阶层的思想，历朝宫廷画师所绘的版画是研究的另一角度。画作具有纯粹的艺术性，呈现的建筑形态反映了理想条件下统治者对西式建筑样式的扬弃与风格偏好。（图 4）

3.3 殖民及商业行为主导的外来建筑活动

因殖民及商业行为而发生的建筑活动是北京近代西式建筑传入的另一分支，形式上表现出更为纯粹的外来风格和空间。建筑设计基本不受国人干预，对国人的影响却最为深刻。以使馆建筑与银行建筑的建设活动最具代表性，其建设时间与区位相对集中。

建设活动的集中性基于特殊的历史背景。以使馆建筑为例，1860 年，第二次鸦片战争之后，英法两国选取东交民巷建立永久使馆区，其后各国以"利益均沾"为借口在北京设立使馆。义和团运动爆发后，使馆区被焚毁，《辛丑条约》签订，使得东交民巷成为使馆保卫界，国人被驱逐。各国开始使馆重建活动，并在此地区兴建了一批如饭店、洋行等商业营利性建筑。各国列强在东交民巷的建设活动富有政治意义，同时暗含着各国间的利益竞争关系。[①]

正是由于这样的建设背景与使馆建筑的象征意义，此脉下的建筑艺术水平较高。建筑由国外建筑师或洋行主导，也是各国建筑形式与风格的反映，包含古典主义、新艺术运动、折中主义等。

此条脉络形成的建筑后期成为民间模仿的范式，使本土西式建筑的营建有了直观的仿效对象，促进了西式建筑风格形式，特别是装饰构件的民间传播。

3.4 精英阶层的自主西式建筑改革活动

此脉是真正意义上国人自主接纳西式建筑，并通过相近学科的学习训练使之得以付诸实践，其发展大致以辛亥革命为界划分为两个时期，均发生在精英阶层。

第一阶段是基于清末新政背景。庚子事变两宫回銮后，《辛丑条约》签订，一时政治局势混乱，财政亏空。1901 年，清政府颁行新政。在"改革官制与学制、奖励工商、兴办实业"的政策下，筹建了一批新式建筑，包括政府官署、学校、工业建筑、娱乐建筑等，并且开始发展近代工程技术方面的教育。"五大臣出洋"考察归国后，呈奏欧美各国"导民善法"，引进公园、博物馆、图书馆等新式建筑。此类建筑多由政府主导，国人自主建造。由于国内没有系统的建筑师群体，大部分设计是由 19 世纪末留学归国，接受过相关工程教育的人员承担，如沈琪、柏锐等。此时形成的建筑存在着对于西方建筑文化传播的"误读"现象[②]。[③] 建筑从样式上来看，具有中西建筑

---

① 参见陈越《北京东交民巷近代历史地段及其建筑研究》，硕士学位论文，清华大学，2002 年。
② "误读"现象指按照自身的文化传统、思维方式等自己所熟悉的一切去解读另一种文化。
③ 参见贾珺《关于明清之际中西建筑文化交流中的"误读"现象初探》，《古建园林技术》2000 年第 3 期。

陆军部衙署

农事试验场正门

国会议场工字楼

京师自来水厂

户部银行

溥利呢革公司办公楼

京师商品陈列馆八角亭

农事试验场试验室

图 5　清末新政背景下精英阶层西式建筑改革实例

文化杂糅的特点，部分建筑早期还受到了清廷统治阶层的影响，具有皇家的巴洛克遗风，如农事试验场建筑群的部分西式建筑。（图5）

第二阶段是在 20 世纪 10 年代后，辛亥革命推翻了清政府的统治，以袁世凯为首的北京政府大体上继承清末新政之思路。随着建筑学教育的普及与发展，国人对西式建筑的理解也更加深刻。此阶段较为典型的案例是在 1914 年成立京都市政公所后，伴随朱启钤市政改造背景下的西式建筑。如香厂新市区的设立、中央公园内行健会的设立等。（图6）建筑使用者也逐步由统治阶层、政府转向市民，伴随新式生活产生了新的功能建筑，如公园、体育场、游艺场等。建筑风格上从巴洛克风格向西方古典建筑式样转化。第一代留学建筑师也在此阶段回国，开始了建筑设计工作的尝试。

4　结语

北京近代早期西式建筑的传入以1860年为分界，历经两个阶段，此前发展缓慢，使用者是统治者与教会；1860 年后发展加速，影响逐步扩大至各阶层。在动荡的时局与复杂的社会背景下，看似复杂

行健会平房

格言亭

中央公园—商店

北京四中正门

北京水准原点

新世界游艺场

海王村公园门

四面钟

图6 辛亥革命后的精英阶层
西式建筑改革实例

的西式建筑传入过程可梳理出相对明显的四条发展脉络，即"传教行为主导""清廷皇家统治阶层个体主导""殖民及商业行为主导"以及"精英阶层的西式建筑改革"。西式建筑的风格形式演变受四条脉络不同程度的影响。

本文以北京近代早期的西式建筑为研究对象，从纵向上，近代早期西式建筑的在京传播，是西方建筑民间传播与模仿研究的开端；横向比较，则预示着西式建筑与中国古典建筑、北京传统建筑共同构成城市街巷景观，西方文化生活模式渗入北京社会生活的开始，侧面反映了城市建筑的"西风东渐"过程。

CULTURAL HERITAGE
CONSERVATION

建筑

艺   术

浅议文化遗产保护中的公众参与制度

陈　雳　北京建筑大学建筑与城市规划学院教授

钱海涛　北京建筑大学建筑与城市规划学院硕士研究生

内容提要：公众参与制度起源于西方国家，在遗产保护中扮演越来越重要的角色，无论是实践活动还是相关的非政府组织和制度法律方面，都已发展成熟，美国高线公园的参与模式和意大利的税收制度就是该制度的成功案例。我国文化遗产众多，情况复杂，现阶段与西方国家相比，公众参与无论是广度还是深度都有不小的差距，在政府、公众和非政府组织等不同的层面有很大的提升空间。随着政策的制定和相关措施到位，假以时日，公众参与到遗产保护领域将会迎来更大的进步。

关键词：遗产保护；公众参与；高线公园；政策

1　公众参与的概念

"公众参与"最早来自西方的国家制度，指对于公共事务，主事权责机关和其他相关权责机关以及民间社会大众的共同参与，也曾经是西方文化"以人为本"原则的一部分。该制度客观上在教育、商业、公共政策和国际救济与发展计划中产生了重要的影响。公众作为遗产保护的利益相关方，与政府、科研机构、专家、各组织一道成为参与遗产保护的主体，它们之间的协同工作对事务开展发挥了重要的作用。

遗产保护是一种社会过程，强调其在认定、保护和利用过程中与人的关系，以及物质性遗产所承载的非物质性的文化意义和价值观。文化遗产除了历史价值之外，还包含社会价值，是具有地方归属、文化认同、集体记忆，以及人与遗产互动属性的独特价值形式。遗产保护过程中的公众参与是与公众生活密切相关的社会活动。此时的公众参与要求公众了解其所蕴含的文化，心存敬畏，并在此基础上进行一系列保护参与工作。

目前的参与模式大致分为两种：一种是政府主导、专家及技术人员支持、社区辅助参与的"自上而下"的遗产保护模式，这种模式运营简便，整个过程可控性强，但最终的成效有一定局限性，同当地居民间的联系较弱，其实践的可持续性无法保证，对复杂环境的应变能力较弱；另一种则是由社区主动参与，政府及相关专业人员时刻保持同公众良性互动的"自下而上"的遗产保护模式，该模式公众参与程度高，不仅有利于创造更为丰富、人性化的城市空间，而且能够增强社区的向心性和稳定性，更加符合公众需求，但是操作起来更加复杂。

2 西方国家遗产保护中的公众参与

2.1 西方国家的发展

公众参与制度随着 20 世纪中叶西方民主运动的不断发展扩展到城市规划领域，并逐渐引起城市更新领域的广泛关注。

在进行城市更新的早期阶段，往往采取政府制定政策引导公众，以发放问卷调查或政策咨询的形式开展公众参与，以决定保护与否，或采取哪些保护策略，这是一种较为浅显的参与方式。20 世纪 60 年代之后，城市更新的实践增多，公众参与逐渐被政府和规划师认可，众多关于城市问题、城市更新以及市民参与的理论研究也愈趋成熟，公众参与的权利也得到细化，并被纳入法律。

公众对于遗产保护的意识逐渐觉醒，比如在蓬勃兴起的历史街区保护运动中，纽约苏荷社区因公众的反抗化解了被拆除的危机，获得了再生，欧美国家遗产保护的非政府组织也应运而生。这种非政府组织具有一定的自主性，可独立制订历史街区的保护更新计划，其影响力逐步扩大，在一定程度上缓和了政府机构和社区民众之间的矛盾，逐渐形成了自上而下与自下而上相结合的综合参与模式。

2.2 高线公园的参与模式

美国高线公园位于纽约市曼哈顿区西部，原为废弃高架货运铁路，是 19 世纪中叶铁路交通运输业的产物，后被改造为空中线型公园，是工业遗产保护与活化利用的典范。

高线公园的转型成功是政府、非政府组织、开发商及纽约市居民多方参与、共同作用的结果。为了获取利益，高线铁路曾面临着全部拆除的危机，消息传出之后，民众强烈反对，随后非政府组织"高线之友"（FHL）向政府提供了高线铁路区域的规划方案，获得了公众的支持。该方案采取政府自上而下与公众自下而上的综合更新模式。在规划层面，政府将高线铁路周边更广大的范围划定为历史街区，提供良好的环境，将周边工业建筑置入展览、画廊等艺术空间，确定其区域功能。同时为了整体功能统一，进行合理的区划调整，将工业用地转变为住宅、商业用地，并且迁出周围居民，置换相应的场外用地。为提供观景平台，规划控制相邻建筑高度，并将部分同一标高的平台连接，用以扩展空间。除此之外，政府同居民商议制定相应的经济激励政策以招商引资，支持高线公园的发展。

公众在改造过程中全流程参与，具有方案选择和建议的权利，"高线之友"在方案实施过程中全程监督，并及时传达公众建议，平衡多方利益。在后期高线公园的运营过程中，政府仅负责监督，各种活动仍由"高线之友"组织，采用和企业、学校、社会合作的方式，活动内容包括展览、演出等艺术活动，合作组织提供的资金用于公园的日常维护。

高线公园通过政府、非政府组织、公众参与实现多方共治，同时公园的反哺作用为地区带来了巨大的经济效应和社会效应，当地的游客数量和税收增加，产业聚集，形成文化艺术街区，承载地区历史记忆的建筑遗产得以保留，最终实现了多方共赢。

2.3 创新性的税收制度

意大利作为文化遗产大国，遗产保护起步较早，公众参与制度发展更为成熟。意大利境内拥有数量庞大的文化遗产，若仅仅依靠财政拨款维护和运营对国家来说是巨大的负担。意大利政府通过税收制度的创新激发个体对遗产的保护，使公众能主动参与到文化遗产的保护利用实践中。

意大利税法规定，纳税人可指定将个人所得税的千分之五用于支持公共事业，即"千分之五"项目，公众可将个人所得税用于文化遗产保护，促进了公众对公共文化事业的认知和参与度，在一定程度上体现了公众的意愿。

当企业或个人对文化遗产进行保护和修复时，其开支可进行一定比例的税收抵扣，同样的情况还出现在企业、个人用于文化遗产的捐款中。为了吸纳更多的公众参与到文化遗产的保护中，政府还发行了"艺术补贴政策"，捐款人向艺术项目捐款后，其一定比例的捐款数额同样可以用于税收抵免。除以上税收制度外，政府还将文化遗产的保护修复与公众的商业经营联系起来，允许商家租赁公共文化财产，出让其使用权，而仅需支付极少的租金。作为要求，商家需要对所租赁的遗产进行维护和修复。这种"以修招租"的方式极大地减少了国家用于维护文化遗产的费用，不仅使众多的遗产维护问题得到妥善解决，而且赋予遗产相适应的文化用途更是对遗产和自身的宣传。

2011 年，奢侈品牌托德斯（TOD'S）成为修复罗马斗兽场的赞助商，为修复工作提供资金。作为回报，托德斯可以在斗兽场的门票上印上企业标志。托德斯的修复工作达到了公益投入和企业宣传的双重目的。政府还基于租赁公共文化财产的政策制定了"漫步于旅途"项目，向 40 岁以下创业者和企业家免费出租公共文化财产，该项目聚焦于国内偏远地区的文化遗产的保护利用。在此基础上，意大利国有财产代理公司根据征询到的公众意见，制定了数条贯穿全国的旅游路线，将这些文化遗产串联起来，引导国内外的游客参观，极大地促进了旅游业的发展。

无论是"千分之五"项目还是税收抵扣和租赁政策，都提升了公众对文化遗产的认知和保护意识，以及对公共文化事业的参与度。同时也赋予了文化遗产在当今社会中新的功能，最终在全社会形成"保护—利用—认知"三个过程彼此促进的良性循环。

3 我国的公众参与发展状况

我国幅员辽阔，历史悠久，现存的建筑文化遗产众多，遗产保护必将是长期的工作。早在 1930 年成立的营造学社就已开启了建筑遗产保护的工作，新中国成立之后遗产保护事业持续得到发展，但由于基础比较薄弱，缺乏专业人员、公众的保护意识不足，建筑遗产非正常损害的事件时有发生。20 世纪 80 年代，在中国改革开放的大背景下，城市化进程加快，为了更好地保护文化遗产，国家先后颁布了针对历史文化名城和历史文化街区的若干规则条例，逐渐形成了城乡遗产保护体系。

同时，公众参与慢慢地活跃起来，并且在遗产保护中逐渐发挥重要的作用。尽管如此，距离健全的公众参与协同机制尚有一定的距离。一方面，既有的思维定式造成群众参与意识较弱，参与度偏低，呈现出"自上而下"式的保护方式，遗产出现了真实性的缺失以及"绅士化"的局限。另一方面，遗产保护与民众利益诉求关联不大，民众主动参与的意愿不足。我国现阶段公众参与实践无论是广度还是深度较西方发达国家尚有一定的差距。当前我国公众参与实践的困境主要来自政府、公众和非政府组织三个层面。

3.1 政府层面

首先，我国遗产保护的形式通常是"自上而下"的"绅士化"

保护模式，相关部门不够重视公众参与，提供给居民的参与渠道和机会不多、参与途径过于单一，政府与居民之间的信息不对称，以及从居民处搜集到的信息中部分属于概念化信息，相关部门缺乏将此类信息归纳整理的耐心，致使地方群众参与的积极性不高。

其次，在经济利益的驱动下，许多地区历史遗产采用最具经济效益的开发方式，过度商业化导致地区城市文脉丧失，地方特征的传承逐渐淡薄，我们看到的千篇一律的文化遗产景观就是最好的例子。

最后，我国对文化遗产的保护通常采用物质层面的静态技术性保护，缺乏动态思维，对遗产较少有活化利用观念，而动态保护依赖于居民的深入参与，唯有如此才能延长遗产的生命周期。

3.2 公众层面

公众作为公众参与的主体，在我国呈现的角色十分被动，有其自身的局限性。一方面，由于居民自身权利不能在遗产保护实践中得到彰显，长期以来将遗产保护视为政府职责的固有思维，使得他们对遗产保护的意识淡薄；另一方面，我国部分居民文化水平偏低，又缺乏专业人士普及相关的保护与规划知识，使得居民与遗产保护工作之间存在鸿沟，这种参与能力的欠缺同样是造成公众参与水平低下的重要原因。

3.3 非政府组织层面

近年来，非政府组织已经成为遗产保护活动中的重要力量。作为沟通政府与公众之间的重要环节，非政府组织承担着历史发掘、社会动员及宣传和政策建议等重要职责。许多西方发达国家的非政府组织无论是在影响力、规模、工作模式方面，还是同各部门与公众之间的联系方面，发展日趋成熟。而我国这方面组织虽已取得了一定成就，但同发达国家相比尚有一定差距。

其一，我国的非政府组织普遍缺乏政策和资金上的支持，其决策对相关政策和相关法律的制定影响甚微。非政府组织的成员更多来自各行各业的志愿者，其价值所求未得到有效支持，其作用未能得到有效发挥。

其二，非政府组织也面临着自身组织能力不足的问题。组织影响力是决定能否与政府深化合作的关键，这需要继续提升组织能力，实施有效管理，充分承担社会责任。

4 公众参与制度的未来发展

近年来，我国在加强公众参与、解决城乡建设中历史文化遗产保护中的突出问题方面提供了有力的政策保证。自党的十八大以来，在中央城镇化工作会议、中央城市工作会议上，习近平总书记就坚定文化自信、加强城乡历史文化保护传承工作作了重要论述。

2021年9月3日中共中央办公厅、国务院办公厅印发的《关于在城乡建设中加强历史文化保护传承的意见》，对加强历史文化保护传承过程中公众参与的重要性作了重要阐述，强调"坚持多方参与、形成合力。鼓励和引导社会力量广泛参与保护传承工作，充分发挥市场作用，激发人民群众参与的主动性、积极性，形成有利于城乡历史文化保护传承的体制机制和社会环境"。

当前提高公众对文化遗产的参与度可从以下几个方面考虑。

（1）提供更多的政策支持。加强制度建设是保障公众参与有效落实的前提，避免出现权责不明的现象，参与制度需要明确制度问责制，实施过程权利共享，结果责任共担。建立高效的公众参与模式，避免流于形式。

（2）加强公众参与能力，提高参与意识。宣传帮助居民深入了解当地文化，积极走访，提升公众遗产价值认知以促进文化认同。还可以加大宣传力度，扩大影响范围，吸纳更多的人加入遗产保护事业，合理采纳居民及网友建议。为弥补居民对专业知识的不足，可邀请专业人士普及相关的保护与规划知识，提高其自我保护意识，变被动保护为主动参与。

（3）促进非政府组织的发展。加强组织管理，吸收人才，强化非政府组织作为政府与公众之间沟通者的身份；加强同政府间的交流，共享经验，开展活动，加强社会影响力；进行适度合理的商业合作，拓宽资金来源渠道。

（4）文化遗产与经济建设融合，使公众共享利益。加强文化遗产区域整体保护，与旅游业深度融合；推动文化遗产与创意产业融合；加强非遗培训，振兴传统工艺，助力精准扶贫。

（5）数字技术支撑，创新公众参与模式。普及数字技术，提升公众专业能力与话语权，加强信息平台的开放与共享。

5 结语

我们应该清醒地认识到，西方国家的公众参与制度并非十全十美：一方面公众的意愿往往被资本财团诱导利用，并非真正体现公众的意志；另一方面泛民主化使得公众团体的想法诉求过于分散复杂，甚至矛盾相左，难以形成积极有力的推动力量。因此，在借鉴西方国家的公众参与制度时一定要冷静分析，合理吸收，结合我国特点发挥其积极作用。

虽然我国的公众参与实践与相关的法律制度都有所欠缺，但在公众参与理念传入我国的 30 年间，无论是在理论方面还是实践上都取得了一定的成果，加强了遗产保护与公众间的联系。当前公众参与已成为遗产保护中不可或缺的一环，在遗产保护实践中，需要继续加强公众参与主体身份，帮助政府转换职能，减轻国家财政压力，活化利用遗产资源，实现文化遗产的可持续发展。

参考文献

[1] 中央编译局比较政治与经济研究中心、北京大学中国政府创新研究中心联合编写：
《公共参与手册》，社会科学文献出版社 2009 年版。

[2] 张崇：《遗产实践中的社区参与述评》，《遗产与保护研究》2019 年第 2 期。

[3] 杜骞、刘爱河、曹永康：《意大利文化遗产保护与利用的公众参与激励机制》，《建
筑遗产》2019 年第 4 期。

[4] 祁润钊、周铁军、董文静、潘崟、秦媛媛：《近 20 年国内城乡遗产保护公众参与
研究评述》，《城市规划》2021 年第 1 期。

基于雨洪灾害韧性评价的建筑遗产预防性保护

董婉茹　山西农业大学城乡建设学院助教

杨昌鸣　北京工业大学北京市历史建筑保护工程技术研究中心教授

内容提要：本文根据雨洪灾害特点，结合建筑遗产保护基本原则，从雨洪灾害危险性、建筑遗产脆弱性和遗产地抗灾能力三个方面选取指标，构建建筑遗产雨洪灾害韧性评价模型，根据评价结果提出与之相对应的预防性保护措施，为建筑遗产雨洪灾害防范提供参考。

关键词：雨洪灾害；韧性评价；预防性保护

　　暴雨及洪水不仅会对地处山野环境之中的建筑遗产构成威胁，而且会对城市中的建筑遗产造成损害。随着全球气候不断变暖，城市飞速发展，不少道路或广场的地面采用了不透水材料，阻碍了雨水的下渗，导致地表径流量增加，城市出现内涝的情况不断增加[①]，对建筑遗产造成了直接或间接的威胁。

　　近年来出现了不少建筑遗产因雨洪灾害损毁的案例。例如，2012 年北京市约 160 处不可移动文物遭受损失，直接原因就是 7 月 21 日特大暴雨造成的城市多处积水；2021 年 7 月 20 日"千年一遇"的暴雨，除了使河南省 400 余处文博单位受损之外，更是对重点文物保护单位郑州商城遗址中部分夯土建筑基址、陶窑等重要遗迹产生严重破坏；2021 年 10 月，山西省连续降雨，晋祠、平遥古城等多个国家保护单位受损；河南洛阳龙门石窟曾因连续强降雨引发洪水而受到严重威胁；湖北省的鄂州观音阁也在一次次洪水中遭受多

---

① Waghwala R. K., Agnihotri P. G.，"Flood Risk Assessment and Resilience Strategies for Flood Risk Management: A Case Study of Surat City"，*International Journal of Disaster Risk Reduction*，2019.

处损毁。

实践证明，在雨洪灾害防范中，通过对建筑遗产进行韧性评价，采取有针对性的预防性保护措施，提高遗产的雨洪韧性，可以有效减轻建筑遗产受雨洪灾害冲击造成的损坏，并且灾后可以快速恢复，从而解决遗产保护面临的灾害风险高、本体脆弱性高的问题。

1　既往研究概况

1.1 雨洪韧性

所谓"雨洪韧性"（早期也有人称其为"承洪韧性"[①]或"水系统弹性"[②]）是"以韧性理论为基础，指城市能够避免、准备及响应城市雨洪灾害，在灾害中不受影响或者能够从中恢复，并将其对公共安全健康和经济的影响降至最低的能力"[③]。

国外在雨洪韧性方面研究较早，"代尔夫特理工大学于 2007 年成立了雨洪韧性研究组，研究提高城市水系统韧性的途径；欧盟于 2010 年开展城市雨洪韧性研究合作，开发城市雨洪管理的韧性策略"[④]。在具体实践方面，国外的一些国家如德国、日本、新加坡等也有很多探索，其中比较突出的是荷兰，"荷兰雨洪韧性城市的建设，尊重历史的经验智慧，发展了现代技术手段并积极创新"[⑤]。

近年来，"雨洪韧性"这一概念逐渐受到我国学者的重视，在多个领域都有所运用，例如城市设计、旧区改造、绿色基础设施规划、海绵城市及海绵校园等。

---

① Liao K. H., "A Theory on Urban Resilience to Floods - A Basis for Alternative Planning Practices", *Ecology & Society*, Vol.17, No.4, 2012, pp.388 - 395.

② 俞孔坚、许涛、李迪华等：《城市水系统弹性研究进展》，《城市规划学刊》2015 年第 1 期。

③ 周艺南、李保炜：《循水造形——雨洪韧性城市设计研究》，《规划师》2017 年第 2 期。

④ 张睿、臧鑫宇、陈天：《基于承洪韧性的老旧住区更新规划策略研究——以天津川府新村住区为例》，《中国园林》2019 年第 2 期。

⑤ 王静、朱光蠡、黄献明：《基于雨洪韧性的荷兰城市水系统设计实践》，《科技导报》2020 年第 8 期。

1.2 雨洪灾害对建筑遗产的影响及其应对措施

自 21 世纪以来，随着全球变暖和各类气象灾害频频发生，雨洪灾害对于建筑遗产的威胁越来越受到遗产保护领域的重视，世界各国都对建筑遗产的雨洪灾害展开深入研究。早在 20 世纪 60 年代初，欧美发达国家就着手研发雨洪模型并将其应用于保护实践，有的国家还专门建立了洪涝灾害管理机构。

出版于 2004 年的《洪水与历史建筑》[1] 一书，是由英格兰遗产委员会（English Heritage）主持编写的。该书详细介绍了洪涝灾害对于历史建筑的影响及其修复方式。2007 年英国遭遇了百年不遇的洪水，"2007 年 8 月洪水过后，英国政府着手对此次洪灾进行调查，2007 年 12 月 17 日由 Michael Pitt 爵士撰写的独立调查报告《吸取 2007 年洪水教训》初稿出版"[2]。"文化遗产防洪计划（CHEF）"[3] 则是由欧盟在 2007—2010 年推出的，目的是通过对风险评估、应急措施、修复评价以及修复和维修技术的研究，来应对洪水对文物遗产造成的损害。2019 年英国威尔士地区发布的《洪水与威尔士历史建筑》（Flooding and Historic Buildings in Wales）报告，建立了以"灾前预防—灾时应急—灾后恢复"为核心的历史建筑洪水灾害防范保护体系。与之相类似，2021 年 6 月由美国国家公园管理局发布的《历史建筑防洪改造指南》，也以文件的形式，为历史建筑提供了应对洪涝灾害的技术支撑。

国内有关洪涝灾害对于建筑遗产的影响及其防范的研究，大致可分为两类。一类是基于多种灾害风险管理的研究。其中比较有代表性的是乔云飞提出的"系统开展不可移动文物自然灾害风险管理

---

① Heritage E., "Flooding and Historic Buildings", *English Heritage*, 2004.

② 童威：《浅谈英国应对自然灾害的研究》，《全球科技经济瞭望》2008 年第 4 期。

③ MMD Roos, Hartrnann T. T., Spit T., et al., "Constructing Risks - Internalisation of Flood Risks in the Flood Risk Management Plan", *Environmental Science & Policy*, No.74, 2017, p.74.

研究对不可移动文物的预防性保护具有现实指导意义"①的观点；李宏松建立了"由风险评估、风险监测、风险预防及应急管理构成的不可移动文物自然灾害风险管理体系"②；赵夏等则"从空间差异的角度来了解和探究不可移动文物自然灾害发生特点以及灾情影响"③，也就是"风险区划"；同时也有学者研究与之密切相关联的"灾害风险图"，费智涛等"基于灾害风险图多层次框架，提出我国不可移动文物灾害风险图构建方法"④。另一类研究与洪涝灾害直接相关，其中既有着眼于省市层面的，也有着眼于具体案例的。杜丽萍"从风险管理角度出发，提出了河南省洪涝灾害风险管理对策"⑤；徐永清等"采用 GIS 空间分析技术，对黑龙江省位于平原的富裕县和位于山区的呼玛县进行了暴雨洪涝风险评估研究"⑥；梁龙等"以福建省 18 个县（市）的 24 处国保古遗址为例，基于自然灾害风险评估理论，采用指标体系法从致灾因子、孕灾环境及文物本体 3 个方面构建了不可移动文物季节性暴雨洪涝灾害风险评估方法"⑦。

1.3 韧性评价

韧性评价是指在韧性视角下进行灾害评价。目前国内针对雨洪灾害的韧性评价研究，主要集中在城市、乡村以及基础设施层面。嵇娟等"基于压力—状态—响应（PSR）框架，构建城市洪涝韧性评价指标体系"⑧；张泉等在社区物质空间、社区管理和个人三个

① 乔云飞：《不可移动文物自然灾害风险管理研究》，《中国文化遗产》2021 年第 4 期。
② 李宏松：《不可移动文物自然灾害风险管理体系研究》，《自然与文化遗产研究》2021 年第 2 期。
③ 赵夏、乔云飞、郝爽：《不可移动文物自然灾害风险区划理论基础和案例分析》，《自然与文化遗产研究》2022 年第 6 期。
④ 费智涛、郭小东、王志涛：《多源异构数据环境下不可移动文物灾害风险图构建方法研究》，《西北大学学报（自然科学版）》2022 年第 4 期。
⑤ 杜丽萍：《河南省洪涝灾害风险管理研究》，硕士学位论文，河南理工大学，2016 年。
⑥ 徐永清、陈莉、刘艳华等：《基于不同空间尺度资料的自然灾害风险评估对比分析——以暴雨洪涝灾害为例》，《灾害学》2022 年第 3 期。
⑦ 梁龙、宫阿都、孙延忠等：《不可移动文物季节性暴雨洪涝灾害风险评估方法研究——以福建省国保古遗址为例》，《武汉大学学报（信息科学版）》2021 年第 1 期。
⑧ 嵇娟、陈军飞、周子月：《江苏省城市洪涝韧性评价及影响因素研究》，《水利经济》2022 年第 4 期。

维度，建立了基于社区层面的韧性评价体系[①]；宋岭等人建立的乡村洪涝灾害的韧性评价体系[②]，包含社会韧性、经济韧性、生态韧性、基础设施韧性和组织韧性五个层面；罗冰洁等建立的"城市地下空间的韧性评价模型包含了组织机构韧性、基础设施韧性、环境韧性、社会韧性以及经济韧性五个维度，共计十项指标"[③]。

与建筑遗产保护关联比较密切的洪涝灾害研究，大致从灾害系统及其影响因素两个方向展开。史培军认为灾害系统是由"孕灾环境、致灾因子和承灾体组成的"[④]；苏桂武等认为"灾害风险是由风险源、风险载体和人类社会的防减灾措施等3方面因素相互作用而形成的"[⑤]。

在洪灾风险评价方面，王思思和王昊玥提出"指标体系评估通常基于历史灾情信息，通过选取典型指标、确定指标权重、指标加权等过程综合评价地区的洪水风险性"[⑥]；张耀文等则"综合京津冀地区致灾条件、孕灾环境与承灾背景情况，筛选、量化五维度19个指标构建研究区洪涝灾害风险评价指标体系"[⑦]。

总的来说，在韧性评价方面，各学者研究针对的灾害偏向于洪水灾害，关于城市雨洪的较少，而评价指标也多侧重于区域规划和社会系统防灾层面，缺少建筑遗产本身方面的指标。因此，本文基于遗产价值和遗产现状构建雨洪评价指标，提出具有针对性的预防性保护措施，提高建筑遗产的雨洪韧性。

① 参见张泉、薛珊珊、邹成东《基于雨洪管理的社区韧性评价及优化策略研究（英文）》，*Journal of Resources and Ecology*，2022 年第 3 期。
② 参见宋岭、李芳玉《韧性视角下乡村洪涝灾害评价体系及模型构建》，《中国新技术新产品》2022 年第 17 期。
③ 罗冰洁、彭芳乐、刘思聪等：《城市地下空间韧性评价指标及模型探讨研究》，《铁道科学与工程学报》2022 年第 11 期。
④ 史培军：《再论灾害研究的理论与实践》，《自然灾害学报》1996 年第 4 期。
⑤ 苏桂武、高庆华：《自然灾害风险的分析要素》，《地学前缘》2003 年特刊。
⑥ 王思思、王昊玥：《国际城市及遗产地洪水风险管理的启示》，《人民黄河》2020 年第 5 期。
⑦ 张耀文、李海君、李浩等：《京津冀地区县域单元洪涝灾害风险评价》，《水电能源科学》2020 年第 10 期。

2　建筑遗产雨洪灾害韧性评价

2.1 评价方法

建筑遗产雨洪灾害受降水情况、地理环境、地形高差等多种因素影响，对建筑遗产的损害机理也比较复杂，需要进行多因素综合评估。在目前建筑遗产保护领域的灾害评价方法中，"基于指标体系的方法的应用是基于数学理论的评估方法，将定性转换为定量的灾害风险评价方法"[①]。这种评估方法可以根据区域和灾害类型选择影响因子构建指标体系，通过对各影响因子进行赋权来量化评价，数据获取方便，操作简单灵活，适用于综合评价。

结合雨洪灾害特点，本文对于建筑遗产防灾韧性评价模型的构建，采用基于指标体系的评估方法，运用层次分析法和德尔菲法计算指标权重。

2.2 建筑遗产雨洪灾害韧性评价模型构建

2.2.1 指标选取

结合建筑遗产保护基本原则，评价模型的韧性评价指标可以从雨洪灾害危险性、建筑遗产脆弱性和遗产地抗灾能力三个方面来选取。

（1）雨洪灾害危险性

雨洪灾害的影响因素主要包括自然因素和人为因素。在自然因素中，极端降水是雨洪灾害发生的主要原因，降水量、降水频率、降水强度等都会影响雨洪灾害。在人为因素中，城镇化是影响雨洪灾害的关键因素，不透水路面的增加，地面的升高或沉降，都会导致大量雨水滞留。总的来说，在地面渗透能力较低的情况下，高强度的降水更容易诱发雨洪灾害。因此，判别雨洪灾害的危险性的主

---

① 代文倩、袁竞:《灾害风险评估综述》，《西部皮革》2018 年第 20 期。

要指标就是降水情况、地形地势以及地面雨水渗透能力。

（2）建筑遗产脆弱性

从承灾体的角度来说，承灾体脆弱性越高，灾害发生时的承受能力越弱，防灾韧性也就越弱。建筑遗产作为雨洪灾害中的承灾体，本体的脆弱性可以通过遗产价值、建筑结构和遗产劣化情况这三项指标得以反映。

（3）遗产地抗灾能力

遗产地抗灾能力，不仅与建筑遗产本体抗灾设施完善与否直接相关，而且与遗产地的管理水平密切相关。换句话说，这两个因素共同影响了遗产对灾害的响应能力。对于雨洪灾害而言，遗产地抗灾能力主要通过排水除涝设施和灾害预警设施这两项指标来评价。

2.2.2 建立递阶层次结构模型

雨洪灾害风险评估的递阶层次结构模型，可以根据上述指标，将目标层设定为建筑遗产雨洪灾害韧性，并将目标层分为雨洪灾害危险性、建筑遗产脆弱性和遗产地抗灾能力三个次目标；次目标层下根据各影响因素分设准则层，而评价因子层（即指标层）则根据各准则层的具体评价指标分设。

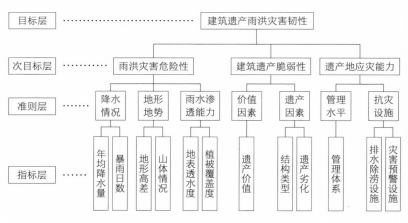

建筑遗产雨洪韧性递阶层次结构模型

2.2.3 权重计算

根据专家评分，可以利用相关指标构造判断矩阵。同时运用层次分析法进行权重分配，亦即对各评价因素进行重要性排序。权重分配的合理性则通过一致性检验加以验证。权重计算的具体方式详见表1。

表 1 建筑遗产雨洪韧性指标权重表

目标层	次级目标层	权重	准则层	权重	评价指标层	权重	指标类型
建筑遗产雨洪灾害韧性	雨洪灾害危险性	0.4934	降水情况	0.2929	区域年均降水量	0.0976	定量指标
					暴雨日数	0.1953	
			地形地势	0.1230	地形高差	0.0308	定性指标
					山体情况	0.0923	
			雨水渗透能力	0.0775	地表透水度	0.0258	定性指标
					植被覆盖度	0.0517	
	建筑遗产脆弱性	0.3108	价值因素	0.1554	遗产价值	0.1554	
			遗产因素	0.1554	结构类型	0.1166	
					遗产劣化	0.0389	
	遗产地抗灾能力	0.1958	管理水平	0.0490	管理体系	0.0490	定性指标
			抗灾设施	0.1468	防洪基础设施	0.0734	
					监测预警设施	0.0734	

2.3 韧性等级评定及预防性保护措施

韧性等级由定量指标和定性指标共同确定。通过调研测量、查找资料等方法统计数据，根据计算结果进行加权评价后，可以获得定量指标；根据各指标的影响因素，选取二级指标进行分项量化评价，参考专家打分进行综合判定，则可获得定性指标。建筑遗产雨洪灾害韧性的评估分值，通过各评价因子的加权求和计算得出。根据不同的评估数值，可以将建筑遗产雨洪灾害韧性划分为五个等级，进而采取相应的韧性提升措施。（表2）

表2 韧性等级评定及预防性保护措施

风险等级	评估数值	预防性保护措施
A	0—2	影响极小，不需要采取防护措施
B	2—4	影响较小，对降水情况进行监测
C	4—6	影响中等，针对评价中数值较高的因素进行加强保护，同时对地下水位和降水情况实时监测
D	6—8	影响较高，加大防洪除涝设施建设，对建筑本体劣化现象进行修复，同时对地下水位和降水情况实时监测
E	8—10	影响极高，加强降水及地下水位监测，加大防洪除涝设施建设和防灾经济投入，对建筑本体劣化现象进行修复，对易发生滑坡的山体进行加固，对场地中的古树加大支撑

3 预防性保护措施

3.1 加强监测预警

所谓预防性保护，就是要使遗产管理方在灾害来临之前预先采取保护措施，尽量减少灾害损失。而灾害监测预警，则是预防性保护工作的前提和保障。因此，建筑遗产雨洪灾害预防性保护，首先要加强雨洪灾害监测预警，其内容主要是根据韧性评价指标，做好气象水文灾害和地质灾害监测预警。气象水文监测除了要对暴雨日数和酸雨率进行统计之外，还要统计降水量、降水 pH 值以及地下水位变化数值；地质灾害监测则需要重点关注建筑遗产周围环境，尤其是易发生滑坡的山体。通过监测所得数据，可以为雨洪灾害预警和防治提供参考。

3.2 改善场地排水

建筑遗产的外部环境，有时会随着城市的发展而发生改变。例如，建筑遗产周边道路标高的变化，可能会导致场地雨水径流方向改变，如果排水不畅，就会加剧建筑遗产的雨洪灾害。对于所处地势低于周围道路的建筑，应做好室内地面及墙基的防潮处理，完善周围的排水设施，防止降水形成局部内涝。建筑周围地势的变化应定期进行监测，避免因城市发展或建筑沉降造成周围相对地势升高，加大地面水的威胁。因此根据建筑遗产雨洪韧性评价结果，若地形地势指标偏高，就要详细分析遗产周围排水方向和场地积水点，针对不同场地的雨水流向，统筹组织屋面、地面、截水沟、绿地及铺装的排水设计，保证建筑遗产不会因为积水而遭受危害。

3.3 定期日常维护

对遗产定期进行日常维护，也是预防性保护的重要内容之一。随着岁月的流逝，建筑遗产的结构和构件材料不断劣化，从而使建筑遗产抵抗灾害的能力降低。因此，提升遗产雨洪韧性，必须定期进行日常维护工作，也就是古人所谓的"岁修"。日常维护包括预警监测和日常维修，同时也包括对建筑内部环境的调控。其目的一是及时消除建筑遗产本身的隐患，二是通过对建筑内部污染气体、温度、湿度等因素进行调控，改善建筑遗产本体的保存环境，从而有效提高建筑遗产承灾体的韧性。

3.4 落实管理规划

制定并落实建筑遗产雨洪管理规划，则是预防性保护最为重要的环节。建筑遗产抗灾能力的提升，需要政府、管理方、相关部门及社会公众的共同参与。[①] 管理规划要明确各方职责，建立协同管

理体系，才能有效提高灾时应急响应能力。

4 结论

4.1 构建建筑遗产雨洪灾害韧性评价指标体系

通过分析雨洪灾害特点，结合建筑遗产保护基本原则，将建筑遗产雨洪灾害韧性评价指标分为雨洪灾害危险性、建筑遗产脆弱性和遗产地抗灾能力三个次级目标，选取区域年均降水量、暴雨日数、山体情况、地形高差、地表透水度、植被覆盖度、遗产价值、结构类型、遗产劣化、管理体系、监测预警设施和防洪基础设施12个评价指标。运用层次分析法和德尔菲法计算指标权重，并制定相应的评价标准，对建筑遗产雨洪灾害韧性的等级加以划分。通过对若干案例的实证分析验证，确定该指标体系可行性较高，对建筑遗产预防性保护指导性较强。

4.2 根据韧性评价结果提出相应的预防性保护措施

（1）雨洪灾害监测预警，降低灾害的危险性。对气象水文灾害和地质灾害进行监测，及时发出预警，使得建筑遗产管理方预先采取保护措施，尽力减少灾害损失。

（2）改善遗产外部环境，加强孕灾环境的稳定性。分析建筑遗产周围排水方向和场地积水点，针对不同的场地进行排水设计，改善建筑遗产的外部环境。

（3）预防遗产本体劣化，降低遗产脆弱性。通过定期检测、日常监测以及对建筑内部环境的调控来预防遗产本体劣化，并且对遗产易于发生劣化的位置进行重点维护，提高建筑遗产的韧性。

（4）加强遗产灾害管理，增强建筑遗产抗灾能力。落实建筑遗产雨洪灾害管理规划，明确各方职责，建立协同管理体系，提高灾时应急能力。

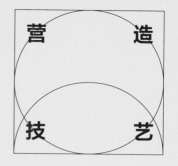

营造
造
技 艺

CONSTRUCTION
TECHNIQUES

建筑

艺   术

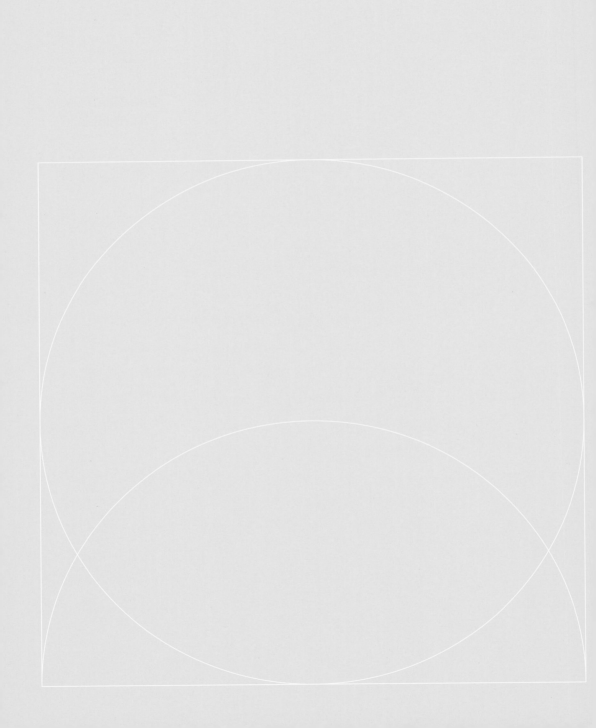

明清官式建筑大木作艺术特色研究

田 林 中国艺术研究院建筑与公共艺术研究所所长

内容提要：明清官式建筑大木作是中国古代建筑营造艺术的核心内容。本文从大木作概念内涵阐释、结构艺术特征、尺度标准化营法，以及装饰艺术特征等方面，探讨了明清官式建筑大木作的功能实用性、尺度合理性、形态美观性等艺术特色。

关键词：官式建筑；大木作；艺术特色

古代建筑木结构体系是我国文化遗产中的核心内容，其中明清官式建筑保存规模最大，等级最高，具有体系严密、术语规范、工艺高超的特点。明清官式建筑营造包括大木作、小木作、石作、瓦作、土作、铜作、铁作、搭材作、油作、画作、裱作、锭铰作等内容。中国古建筑是科学技术与文化艺术的高度融合，明清官式建筑大木作的构造、法式和装饰正是这一融合特性的集中体现。

1 基本概念阐释

官式建筑相对"民间"建筑而言，是对宫殿式建筑的称呼，多用于帝王宫殿、官衙建筑及儒释道庙宇等。明清官式建筑代表了我国明清时期建筑营造的最高水平，其普遍存在规模大、等级高、庄严雄伟、气势恢宏的特征，也是封建礼制等级制度的重要体现。明清官式建筑已完成了定型化、标准化的过程，以柱、梁和檩直接结合的方式，弱化了斗栱层的承重作用。在简化结构、节省木材的前提下，达到了合理使用木材的目的。

在中国木结构古建筑中，大木是指由柱、梁、枋、檩、斗栱等构件组成大木构架的主要承重结构。大木作是在中国木结构古建

103

营造过程中，对大木进行制作和安装的作业。

艺术特色又称为"表现手法"，源于作家、画家等艺术家在创作中所运用的各种具体表现方法。在文学创作中，艺术特色有叙述、描写、虚构、烘托、渲染、夸张、讽刺、抒情、议论、对比等手法[①]；而古建筑艺术特色则是指在古建筑上体现的各种具体表现方法，包括构造特征、营造技法、美感塑造、色彩运用等。

2 大木作结构的艺术特色

2.1 布局严谨性与灵活性共存

我国现存最早的木结构建筑为唐代建筑，如山西五台山南禅寺、佛光寺东大殿等建筑，其平面柱网呈轴线对称格局，未发现移柱造、减柱造等做法。

辽、金、元三个时期，为满足室内功能的需要，许多建筑的平面柱网采用了移柱造、减柱造等做法，如运城结义庙过殿在前檐采用了移柱造做法，该建筑面阔 5 间、进深 1 间，其柱网减去了前檐 2 根柱，并将明间 2 根檐柱向左右两侧平移，檐柱上施大额承重，扩大了明间的面阔尺度；山西五台广济寺大殿则在室内采用了减柱造的做法，该建筑面阔 5 间、进深 2 间，其室内柱网应有 4 根内柱，减去了 2 根内柱[②]，扩大了明间的使用空间。

明代古建筑受到中央集权和程朱理学文化的影响，其柱网布局强化了对称格局的分布，用以体现中正的格局和庄严的诉求。明代官式建筑柱网排列对称、均匀、合理、有序。清代官式建筑承袭了这一特征，明清故宫古建筑群代表了这一艺术特色的最高成就，大多建筑柱网布局不仅左右对称，而且前后对称，比如，慈宁宫大殿（图

---

① 参见百度百科，https://baike.baidu.com/item/ 艺术特色 /3923491。
② 参见张驭寰《古建筑勘查与探究》，江苏古籍出版社 1988 年版，第 53—55 页。

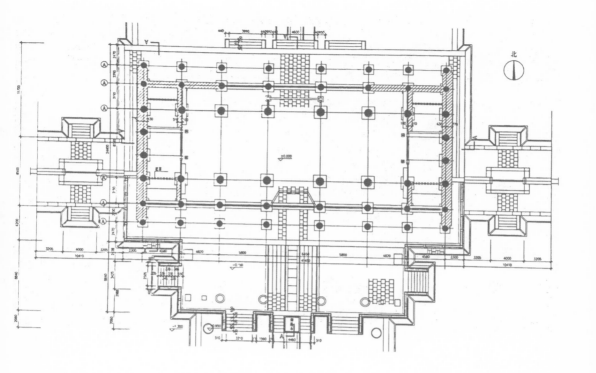

图1 清代宫式建筑慈宁宫平面图

1）遵循了严谨的轴线对称格局，彰显出皇家建筑的中正与威严。[①]

　　从单体建筑柱网布局的发展趋势分析，古代建筑的柱网布局经历了由严谨对称布局到相对自由灵活布局，再到严谨对称与灵活布局共存的发展过程。根据建筑功能的实际需求，综合考量政治地位和文化属性，决定其建筑柱网布局的形式。柱网布局的变化以实用需求为导向，形成了严谨性与灵活性共存的艺术特征。

2.2 结构合理性与美观性统一

　　大木梁架既是承重构件，又是艺术构件，是双重属性的完美呈现。林徽因先生在《清式营造则例》的绪论中有精辟的描述："中国木造构架中凡是梁、栋、檩、椽，及其承托、关联的结构部分，

① 参见张克贵、崔瑾《太和殿三百年》，科学出版社 2015 年版，第6—7 页。

图2 先农坛明代建筑梁架

全部袒露无遗; 或稍经修饰, 或略加点缀, 大小错杂, 功用昭然", "能自然地发挥其所用材料的本质的特性", "不事掩饰, 不矫揉造作"。[①]明清官式建筑大木作通过抬梁式的营造, 形成了一套有机的独特的木结构体系, 其中采用彻上露明造的梁架结构, 既是功能性的承重构件, 又是艺术性的审美实物, 形成了独具特色的明清官式建筑艺术, 这与西方现代建筑体系中混凝土构造柱的承重功能与装饰功能割裂的做法具有本质的区别。明清官式建筑在形式表达上自然而然地摒弃了西方建筑机械主义的偏执和古典主义的傲慢, 形成了建筑内外的和谐与统一。明清官式建筑采用抬梁式构造形式（图2）, 不但受力结构合理, 而且造型精美。

---

① 梁思成:《清式营造则例》, 清华大学出版社 2006 年版, 第9—21 页。

3 大木作营造的工艺方法

　　明清官式建筑大木作的艺术特征体现在其优美的屋面造型和合理的梁架结构，这些均需通过科学的营造工艺予以实现。

3.1 举折制度的美感塑造

　　举折也称"举架"，是指古建筑木构架相邻两檩中线的垂直距离除以对应步架长度所得的系数（乘 10 倍）。唐代建筑举折比较平缓，宋元建筑逐渐增高，明清建筑举折则更高。以明清时期建筑七架梁为例，一般采用 5 举、7 举、9 举；以九架梁或七架梁前后带单步梁的梁架为例，其举架一般采用 5 举、6.5 举、7.5 举、9 举。（图 3）其整体举架的举高一般不会大于步长，即该步椽子的斜度一般不大于 45 度。举折自下而上逐步增加，使屋面呈现一条凹形曲线。明清官式建筑屋面由筒瓦、板瓦、滴水等瓦件组成，这些均是松散构件，依靠灰浆的黏结力形成屋面整体。若举折的坡度大于 45 度，则挂瓦难度加大，且容易造成瓦面下滑、瓦垄脱节；若举折太小，瓦面则容易积水，因此，明清官式建筑在总结前代发展经验的基础上，举折坡度逐步固定下来。明清官式建筑举折数值是长期实践经验的总结，具备较强的合理性。

　　举折之制决定了古建筑屋面的整体曲线，除了能给人以视觉美感外，还有实际功能作用。其与直线屋面相比，雨水流出更加深远，利于排水和采光，客观上起到了保护檐下墙体、装修、柱和台基，使其避免遭受雨水直接冲刷的作用。还有学者认为，举折使古建筑屋面呈曲面形，具有减小风载的作用。

3.2 翼角结构的飞升灵动

　　"翼角"是指我国古代建筑的转角部分，其角部形态翘起，似鸟翼飞展，因而得名，也称为"屋角反宇"。从考古资料分析，早

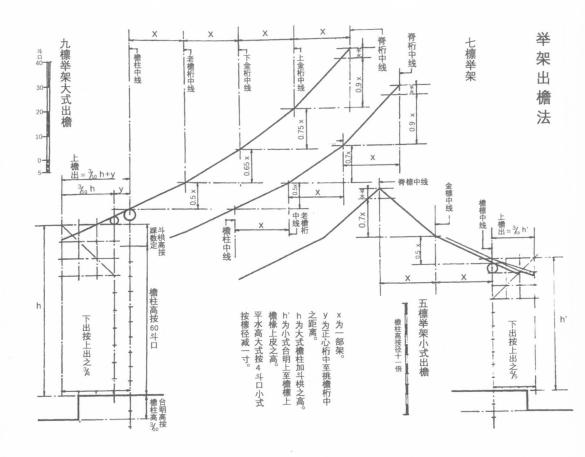

举架出檐法

七檩举架

九檩举架大式出檐

脊檩中线
脊桁中线
上金桁中线
下金桁中线
老檐桁中线
檐柱中线

脊檩中线
金檩中线
檐檩中线

五檩举架小式出檐

图3 清官式举折之法（引自《清式营造则例》图版拾伍）

期建筑转角部平直，一般不存在起翘现象。该做法最早见于汉代的嵩山太室石阙，目前缺乏汉代木结构建筑的实物，汉代木结构古建筑是否存在翼角起翘尚不得而知；在现存唐代建筑中发现有翼角起翘的做法，该做法一直沿用至明清时期。《阿房宫赋》中的"钩心斗角"、《诗经》中的"如鸟斯革，如翚斯飞"等词句，均是对翼角形态的描述。

经过隋唐、宋元时期的发展，明清官式木结构古建筑翼角的做法与形式已经趋于稳定。北方明清官式建筑采用了老角梁上承托仔角梁的做法。与我国南方地区翼角采用嫩戗做法相比较，南方翼角升起更高，更具飘逸灵动的特点；北方翼角升起不高，具有沉稳浑

108

厚的特点。翼角做法的南北差异，客观上是受到了地域文化的浸润与影响。

明清官式歇山、庑殿建筑的翼角部分存在升起和升出。角梁结构做法是翼角的整体形态形成的直接原因，准确而言，是由于升起和升出的做法所致。

所谓"升起"是指在古建筑的设计与施工中，使古建筑的脊部或檐部两端向上挑出，使建筑的脊部或檐部两端高于中间，形成一条逐步抬高的曲线。所谓"升出"是指在古建筑的设计与施工中，古建筑正身椽子的水平投影在接近角部时逐渐延长。"最大升出值"是指紧邻角梁翼飞椽水平投影与正身飞椽水平投影的差。

从汉阙、汉代画像砖、陶楼等构件分析，我国汉代及以前建筑不存在升出，隋唐时期古建筑已出现升出，并被后代继承。升出是明清官式建筑大木作的艺术特征，其与升起相结合，形成了屋面角部优美的弧线。例如：明代建筑伏羲庙大殿斗口为60毫米，按照《清式营造则例》规定，清式做法翼角升出的尺寸为4.5斗口，即270毫米，而实际测得明代伏羲庙大殿翼角升出为435毫米（图4），由此证实了明代建筑翼角升出尺寸略大于清代建筑翼角升出的规律（图5）。

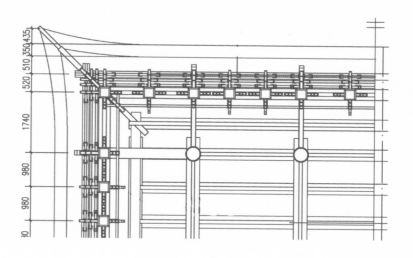

图4 明代建筑翼角升出俯视图

图5 翼角仰视图

明清官式建筑升出的做法，强化了屋面角部的优美形态，体现了营造的艺术性；但就其功用性的表达，则有两种学说，一是功能学说，二是帐幕学说。功能学说认为"上尊而宇卑，则吐水急而溜远"；帐幕学说则认为其来源于远古人类居住的帐幕。不论哪种学说，都不能否认该营造方式的科学性与艺术性。

3.3 收山和推山的形态塑造

庑殿和歇山建筑是明清官式建筑中等级最高的两种建筑形式，也是独具艺术特色的建筑形式，其屋面形态塑造是古建筑整体美塑造的关键，推山和收山做法是庑殿和歇山建筑的营造特色。在明清官式建筑中，庑殿建筑采用推山的方法延长正脊长度，歇山建筑则采用收山的方法缩短正脊长度，其目的是相同的，均是使正脊长度与古建筑整体比例更协调。

庑殿建筑的推山是指向两山推出屋脊和檩条的做法，使正脊加长，屋面的四条戗脊的上端也随之向两山移动，使原本直线的戗脊形成一条柔和的弧线。《营造法式》中已有推山的做法，该做法一直延续到清代。（图6）

歇山建筑收山是指屋顶两侧山花自山面檐柱中线向内收进的做法，并由此引起增设顺梁、扒梁和采步金檩等内部梁架结构的

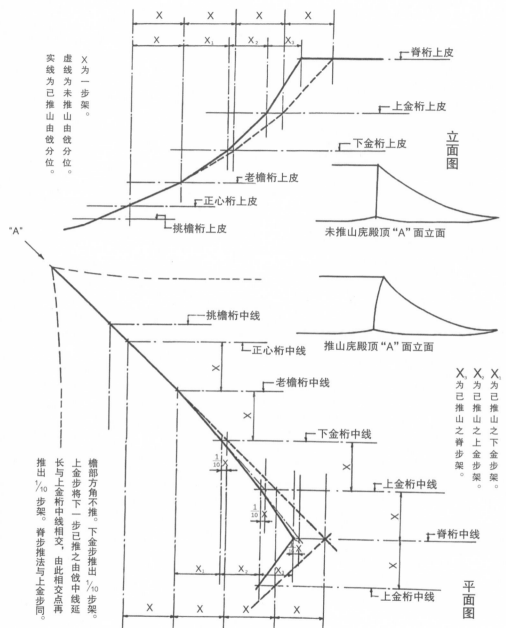

庑殿推山法

实线为已推山由戗分位。

虚线为未推山由戗分位。

X 为一步架。

脊桁上皮

上金桁上皮

下金桁上皮

老檐桁上皮

正心桁上皮

挑檐桁上皮

立面图

未推山庑殿顶"A"面立面

"A"

挑檐桁中线

正心桁中线

老檐桁中线

下金桁中线

上金桁中线

脊桁中线

上金桁中线

推山庑殿顶"A"面立面

X_3 为已推山之脊步架。

X_2 为已推山之上金步架。

X_1 为已推山之下金步架。

檐部方角不推。下金步推出 $\frac{1}{10}$ 步架。上金步将下一步已推之由戗中线延长与上金桁中线相交，由此相交点再推出 $\frac{1}{10}$ 步架。脊步推法与上金步同。

平面图

图6　清代官式建筑中庑殿推山法
　　　（引自《清式营造则例》）

111

变化。① 不同时期建筑收山尺寸不同，早期建筑收山尺寸较大，有的甚至收至金柱，明代收山尺寸逐步规范化（图7），清代形成了定制，如《清式营造则例》中规定，自山面檐檩中线向内收1檩径（图8）。

收山和推山的做法协调了屋面与古建筑整体的比例关系，使古建筑上下尺度更加协调，使古建筑外观形体达到了完美的艺术效果。

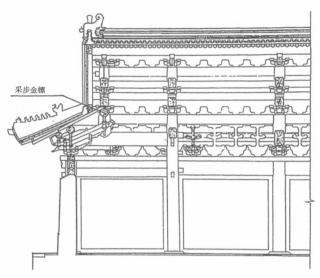

采步金檩

图7 先农坛某明代官式建筑纵剖图（引自潘谷西《中国古代建筑史》）

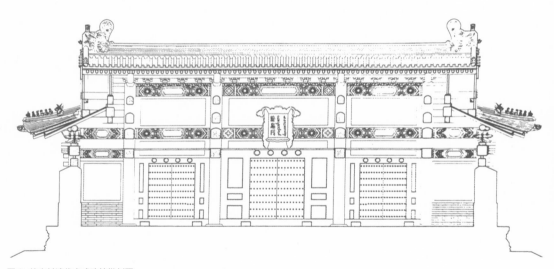

图8 故宫某清代官式建筑纵剖图

① 参见田林、李超《蔚县地区明代歇山建筑山面做法探析》，《古建园林技术》2020年第1期。

从力学特征分析，收山的做法增加了顺梁、扒梁和采步金檩等构件，使梁架整体的向心性更强，提高了构架的整体稳定性；而推山的做法则使庑殿建筑的山面产生与前后檐屋面相同的曲面，利于屋面排水。

3.4 斗栱演进的美学特征

现存唐代建筑斗栱存在体量大和构件受力合理的特点。从《营造法式》和大量宋辽时期斗栱实例分析，宋代继承了唐代斗栱的特点，斗栱体系日趋完善，且类型丰富。尤其是在殿堂式建筑中，存在特有的铺作层（即斗栱层），承托上部梁架荷载，斗栱作为主要承重构件，用材依旧较大。明清时期，梁架荷载通过柱头科或转角科斗栱直接传递至柱子，其受力栱件界面尺寸较大；但平身科斗栱功能减弱，其尺度进一步缩小，但装饰作用增强。斗栱采用了层层相叠的榫卯结构，其力学性能类似弹簧，可将模型予以简化。不妨做个比喻，假设唐宋元等早期木构建筑采用了数量较少的"大弹簧"（大斗栱）承重，则可以认为明清时期木构古建筑采用了数量较多的"小弹簧"（小斗栱）承重，其受力体系仍是合理的。

在斗栱演化过程中，斗栱数量逐渐增多、尺寸逐渐减小，是斗栱的整体变化趋势，其所蕴含的美学特征则各有千秋，不可一味地认为早期的就是好的、美的，晚期的就是装饰过度、不美的。我们不能以现代人的视角简单地看待历史，明清时期大型木材已被开采殆尽，受客观自然条件限制，斗栱用材逐渐减小，是木结构技术发展的必然趋势，也是节约材料的客观要求。清代出现的包镶柱法、铁箍加固法等，其实都是技术进步的结果。

站在历史的维度考量，置身于明清时期的历史环境之中，分析古建筑艺术特色的发展变换，可以有全新的发现，可以得出不同于传统观念的认知，可以归纳出明清官式建筑特征的进步性。

113

3.5 插枋运用的营造之法

　　明清官式建筑大木作抬梁式结构体系整体变化较小，《营造法式》中叉手、托角及月梁等做法的使用越来越少，殿堂式建筑结构不再运用，但彻上露明造梁架逐步得以发展。梁架受力体系变得更加简洁、直接，且增加了很多连接性构件，例如穿插枋的使用。穿插枋是连接檐柱和金柱的木构件，其与柱子交接的方式是在柱上做卯，穿插枋两端做榫，与金柱檐柱穿插相接，故名"穿插枋"。从唐代建筑南禅寺大殿的剖面图可看出，早期建筑不施穿插枋，后期为加强金柱与檐柱之间的连接，提高梁架的整体稳定性，逐步增加了穿插枋这一构件。在明清时期官式建筑中，此构件的使用已成标配。类似还有平板枋的使用等，均是为了增强梁架体系的稳定性。穿插枋的营造之法是木结构古建筑逐步走向成熟的标志之一。

4　大木作尺度的权衡方式

4.1 大木作尺度权衡

　　明清官式建筑大木作是构成古建筑整体美的核心，其梁架体系既是支撑整体外观形象的结构骨架，又是古建筑结构美的直接载体，这正如林徽因先生阐述的，"至于论建筑上的美，浅而已见的，当然是其轮廓、色彩、材质等，但美的大部分精神所在，却蕴于其权衡中；长与短之比，平面上各大小部分之分配，立体上各体积各部分之轻重均衡等，所谓增一分则太长，减一分则太短的玄妙"[①]。林先生高度概括了明清古建筑所蕴含的美学内涵，论证了大木作尺寸权衡的必要性与合理性。以明代官式建筑伏羲庙为例（图9），其柱高和斗栱高之和为5090毫米，梁架总高（脊檩至地面）为8085毫米，5090∶8085=0.62，两数值的比值与黄金分割的数值十分接近，足

---

① 梁思成：《清式营造则例》，中国建筑工业出版社1981年版，第8页。

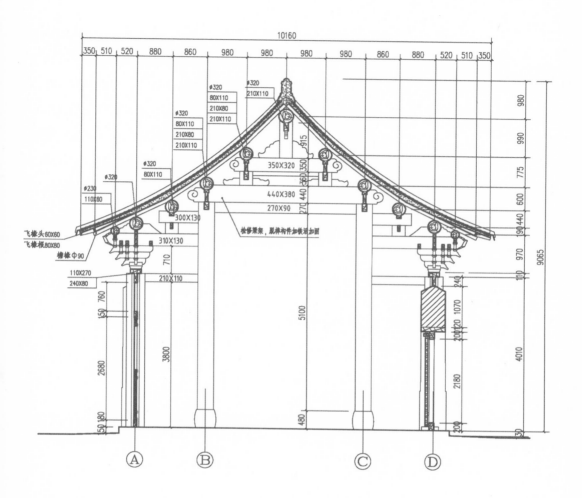

图 9　明代官式建筑伏羲庙大殿
　　　横剖图

见明式梁架的上身与下架比例的合理性。

4.2 斗口制标准营造

　　标准化的过程是技术进步的产物，《营造法式》规定了以材为标准的模数制，材分八等，不同级别建筑使用不同等级的材料。这种标准化制造与预算的方法延续到了明清时期，清工部《工程做法》是对宋《营造法式》的继承，只是由宋代的材份制改变为清代的斗口制^①，斗口成为模数的基本单位。梁、檩、枋、柱、斗栱等大木作构件尺寸均由斗口的模数决定。这种标准化的过程，是提高生产效率的体现，是社会化发展的必然产物。有人认为这种标准化、规范化的过程，抹杀了建筑的艺术性；其实不然，标准化与规范化的过程正是对优秀建筑艺术形式的认可、总结和固化。其实，在推行斗口制规范化发展的过程中，也为具体古建筑营造提供了可自由发挥的空间。斗口制推行的目的并非限定设计与营造，而是便于预算与计量。

5 大木作装饰的艺术特征

明清官式建筑大木作装饰的方法包括油饰和彩画，其中彩画装饰的艺术特征更为突出，现就彩画的装饰性艺术特征予以阐述。

5.1 彩画的风格演化

从《营造法式》得知，我国宋代的彩画较之前朝代有了较大发展，其表现形式多种多样，一改前朝多用朱色的特点，色彩变得丰富多彩；同时，彩画也由自由化的形式逐步向程式化形式转变。明清官式木结构彩画承袭了宋代彩画程式化的特点，并进一步规范，在与建筑等级、构件所处部位等因素产生关联的过程中，呈现更加绚丽的色彩。

清代与明代官式建筑风格一脉相承，后人将其统称为"明清建筑风格"，其实两者细部做法略有不同。与之相对应的明清官式建筑彩画也被视为同一风格，但两者也有不同之处：明代晚期受封建礼教影响，建筑风格趋于僵化，彩画风格也显得死板、僵硬；清初期彩画的风格略有改观，其构图和绘画呈现纹路流畅、灵活多变的

---

① 参见马炳坚《中国古建筑木作营造技术》，科学出版社 2003 年版，第 232 页。

特点，如陶然亭的云绘楼彩画，清代较之明代晚期彩画风格有诸多新颖之处。

5.2 彩画的类型特征

　　明清官式建筑中大木结构所使用彩画与建筑的等级、使用人的等级密切相关，等级不同所采用的彩画图案、工艺做法也不尽相同，不同时期彩画呈现出不同的时代特征。清代彩画分为和玺彩画、旋子彩画、苏式彩画、宝珠吉祥草彩画和海墁彩画五种形式。和玺彩画等级最高，用于宫殿的主要建筑；旋子彩画等级次之，用于宫殿附属建筑；宝珠吉祥草彩画后期不再使用；苏式彩画和海墁彩画常用于园林建筑中，但两者绘制方法不同，苏式包袱做法独特于其他各类彩画。明清时期不同彩画的纹饰、色彩、等级具有严格的规定，不能越制。彩画的主要作用是保护木质梁、枋、柱、檩等大木构件，与油饰的基本作用相同，其次才是美学装饰性的作用，此种认知在学界已达成共识。

5.3 彩画的构图特点

　　不同类型彩画的构图形式不尽相同。和玺彩画构图分为箍头、藻头、枋心三部分（图10）；旋子彩画构图与和玺彩画类似，分为箍头、藻头、枋心三部分[①]。枋心长度约占整组彩画长度的三分之一，该种比例关系合理，明清时期已形成定制。和玺彩画以龙纹、云纹为主；旋子彩画以"一整二破"旋子为基础。明代旋子彩画中"一整二破"的卷草行纹也已成为定制，清代则更加规范化、程序化。这两类彩画的构图比例比较合理，且浑然大气、富丽堂皇。

　　苏式彩画在明代已有大量应用。清代苏式彩画的基本构图形式已经定型，分为方心式、包袱式和海墁式，就苏式彩画的构图分布

---

① 参见蒋广全《中国清代官式建筑彩画技术》，中国建筑工业出版社2005年版，第71页。

117

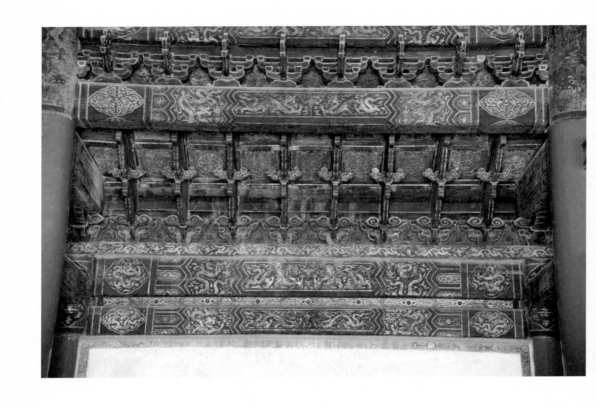

图10 大高玄殿（正殿）和玺彩
画（熊伟拍摄）

特征而言，其形式更加灵活，且内容更加丰富。

5.4 彩画的文化寓意

明清官式建筑大木作彩画中尤以苏式彩画题材丰富、寓意深刻，如吉祥图案中，"卍"字代表吉祥喜旋，"寿"字代表万寿无疆，蝙蝠代表万福流云，藻头部位绘制的锦纹代表锦绣前程，龙纹代表祥瑞尊贵，桃柳燕（又称"桃柳燕争春"）寓意春天的到来，其他植物均有美好的寓意，人物画也多以彰显个人品行为题材，通过历史典故给人以积极向上的影响。总之，彩画在满足保护木材基本需求的前提下，完美地实现了美学与意境的表达，营造出具有中国传统文化艺术特色的人文环境。

6　小结

　　明清官式建筑大木作是中国木作古建筑的精华，具有独特的艺术特色。北京保存了大量明清官式古建筑，是研究我国明清官式建筑大木作营造技艺和艺术特色的重要实物资源。总结明清官式建筑大木作的艺术特色，可以更好地推动我国木结构古建筑营造技艺的保护、传承与发展。

参考文献

[1] 张驭寰：《古建筑勘查与探究》，江苏古籍出版社 1988 年版。

[2] 张克贵、崔瑾：《太和殿三百年》，科学出版社 2015 年版。

[3] 梁思成：《清式营造则例》，清华大学出版社 2006 年版。

[4] 田林、李超：《蔚县地区明代歇山建筑山面做法探析》，《古建园林技术》2020 年第 1 期。

[5] 马炳坚：《中国古建筑木作营造技术》，科学出版社 2003 年版。

[6] 蒋广全：《中国清代官式建筑彩画技术》，中国建筑工业出版社 2005 年版。

故宫明代建筑大木结构择述

张克贵　故宫博物院原工程处处长，研究馆员

内容提要：故宫是一个完整的古建筑群，长时间以来总被统称为明清建筑。文章认为，故宫的古建筑体现明、清两个时代的特征非常明显。明代以故宫为代表的古建筑体现了时代建筑的成就，其主要特征又体现在大木结构上。对明代大木结构进行一定的归纳、分析、阐述，其目的是更好地贯彻文物建筑保护维修理念，有利于完整、真实地保护故宫古建筑。

关键词：明代建筑；大木结构；原状特征；保护原则

　　故宫，顾其名，思其意，是过去的宫殿，或曰原来的宫城，也称过去的皇宫。故宫始建于1406年，建成于1420年，已经有600多年的历史。曾经有明、清两个朝代的24个皇帝在此执政、居住。现存的故宫是一个完整的古建筑群，称其为世界独具特征的古建筑群，是东方世界古代极具代表性的建筑，或是我国保存最为完整的古建筑群，都不为过。（图1）

　　根据我们对古代建筑的定性，将故宫建筑称为"官式建筑"。传统上的官式建筑是与民式建筑相对而言，主要是以官方公布的建筑规范为建设宗旨，由官方筹建或权威批准的宫殿、王府、衙署、寺庙等建筑。故宫建筑长时间以来总被不恰当地称为"明清建筑"，其中一个原因大概与明、清两朝对故宫的使用有关。明朝皇帝朱棣建造完故宫后，将其作为皇宫使用了225年，清顺治帝进北京后，沿用明代皇城及皇宫。另一个原因是，明代宫殿建筑虽然延续到清代皇宫，有约500年的历史，但给人的感觉建筑外观形式没有大的变化，也就称"明清建筑"。这种误读在谈及其建筑的历史特征时，也会模糊不清。实际上，虽然历经两个朝代，故宫的整体格局变化

不大，但由于建筑的自然损坏、宫廷执政者理念、宫廷使用的需要，建筑的形制、结构、材料以至工艺仍然发生了很大的变化，使其具有了完全不同的时代特征，而这个特征是带有本质性的。本文不过多地涉及布局、外在风格、建筑装饰，只就明代建筑大木结构进行一定的归纳、分析和阐述，以区分明代和清代建筑，其目的与我国对文物建筑维修保护的理念相关。我国文物建筑维修保护的原则是尽可能不改变文物原状，其核心及内容表达逐渐被法律、条例、规范、办法、标准等引用，落实在文物建筑保护的研究、继承、发展之中，被一代代文物保护工作者牢记、遵守和实践。

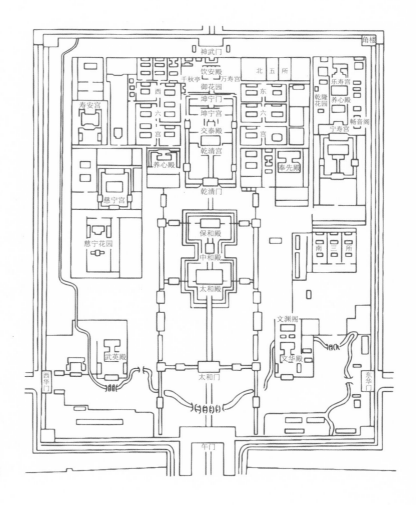

图1 故宫平面示意图

明代建筑是我国建筑史上一个重要阶段，取得了丰硕成果，其中故宫明代建筑最具代表性。如今，故宫古建筑群进入了新的600年，对其保护更应注重对历史原状的保护，其意义不仅体现在保护故宫古建筑本身，而且对我国的文物建筑保护的理论与实践起到了示范作用。

对建筑原状进行保护首先需要对原状进行研究，要准确区分故宫建筑，尤其是大木结构的时代特征。明代与清代虽然有历史的联系，但建筑主要特征的时代区分是十分明显和不容置疑的，应将明代建筑与清代建筑的大木结构分开，不宜混为一谈，尤其是对故宫古建筑保护工作，如此更有理论、技术和工艺的意义。

1 故宫明代古建筑概况

1.1 明代官式建筑管理机构

中国自古以来，朝廷均有专门机构司事营建。明代的官家营建机构称为"工部"，是直属皇帝的六部之一，设尚书和左右侍郎。工部的权力非常之大，掌管天下所有工程营作、窑冶、河渠，除此还有山泽采捕、屯粮、榷税、织造等之政令。工部下属机构设营缮、虞衡、都水、屯田四司。其中的营缮清吏司主要职能是直接为宫廷服务，掌管城垣、宫殿、坛庙经营兴造，还包括宫府、仪仗等几十项事务。故宫（明代称为"紫禁城"）的兴建是工部的主要事项，直接听命于皇帝。

1.2 官式建筑大木的发展

关于官式大木，做法上至周代、下至清末，均有典法明规，例如《周礼·考工记》、宋代《营造法式》和清代清工部《工程做法》（是官式法典进化的经典）。官式与民式在做法上虽有交融，但其主要构造的区别是明确的。故宫明代建筑大木结构是在宋代营造法式的基础上发展而来的。

从已有的研究成果分析，明朝共建设了三座都城。一是建于明洪武二年（1369）的安徽凤阳县明中都，可谓当时中国极为豪华的都城建筑之一。二是在摒弃明中都之后，朱元璋又兴建的南京故宫，旧称"紫荆城"，即明朝初期的京师应天府的皇宫。由于该城建制完整、规模巨大、建筑艺术丰富，当时被称为"世界第一宫殿"。三是永乐皇帝朱棣兴建的北京紫禁城，为明代官式建筑最高成果，其大木结构，从规划、设计理念到木结构法式、形制、用材、工艺等，无不登峰造极。

1.3 故宫古建筑概况

故宫的古建筑可谓现存中国古代建筑的宝库。对故宫古建筑、构筑物的数量进行统计（这里只统计故宫护城河以内、午门以里的范围），明、清建筑物现存 1240 余座，房间 9260 余间，建筑面积 17.2 万平方米；砖石大墙、墩台 4 万余平方米；石桥 17 处，1700 余平方米；过廊 74 处，2300 余平方米；各式亭子 50 余座，1200 余平方米；另有大门建筑 41 座，各种琉璃门 130 余座，影壁 14 座，240 余平方米等。上述古代构筑物中，除了东路寿皇殿院落以内的构筑物外，其余大墙、墩台、石桥、过廊、过门、琉璃门、影壁等绝大部分是明代始建时期的原物。而在使用材料方面，现存明代和清代初期的古建筑大木构件均大量使用楠木，现存古建筑石材大部分为明代石材。所用青砖甚多，无法统计，仅太和殿就保存了山东临清所产的青砖 34 万余块。

故宫保存明代原状的大木结构古建筑，从种类上分为宫、殿、庑、房、亭、台、轩、楼、阁、廊等；从功能上分为行政、居住、库房、厨房、读书、游玩、娱乐、造办、驷院、宗教、家庙等；从理念上分为神权统一、行政等级、军事防卫、抵御灾害、堪舆风水等。

在故宫现存具有大木结构的建筑中，三分之一的古建筑可认定

图2 中和殿

为明代建筑。其中，六分之一的古建筑仅做过保养维护；另有六分之一的古建筑进行过修缮。其余因各种原因重建、再建的古建筑约占三分之二，均属于清代古建筑，且大部分为康熙、乾隆时期所建。

故宫现存明代建筑具体数量到底是多少呢？根据历史记载、建筑维护档案、直观建筑构架分析等，笔者认为，明代单体建筑为260余座，建筑房间2000余间，建筑面积近55000平方米。如果将有些具有明代遗迹，但整体呈现清代特征的古建筑归入清代的话，现存明代建筑数量约为现存古建筑总量的21%，建筑面积约占现存古建筑总量的32%。故宫现存古建筑，不但比较完整地保存了一批明式建筑，有些重要建筑仍保存了明代的原状。如外朝三大殿之一的中和殿（图2），位于太和殿后正中的位置，始建于明永乐十八年（1420），初名"华盖殿"，虽然明代两次毁于火灾，清初一次重修，但现存建筑仍为明代所建；另外，保和殿也始建于明永乐十八年（1420），明代两次毁于火灾，清代也有过两次重修，但仍为明代建筑；还有中轴线上钦安殿、故宫北门神武门、西华门等古建筑仍保留着完整的明代始建时期的大木结构。

历史上西华门以内，以南至南大库，以北至内务府，曾遭火灾和自然倒塌等，大面积的明清建筑遭到毁坏，但仍有南薰殿等古建筑保留了明代完整的大木结构。

2　故宫明代建筑大木结构的主要特征

在中国建筑的历史上，宋代为一重要节点。宋《营造法式》的颁布与实施，成为中国古代建筑的一个高峰。大木结构主导着宋式建筑，使之成为中国建筑的辉煌结晶，其代表性的特征是材份制。元代体现出了多元化的特征，主要是承袭了金、宋、辽等建筑文化。由于不同的年代、不同的统治者、不同的观念、不同的地域文化等影响，建筑发生了多种变化，但未定型，更未形成中华民族统一的建筑法式、规格和工艺。由于多元化文化的影响，也出现了一些粗放、无章、随意的做法。因此，元代建筑的特点没有被明代沿用。明代从理念、规制、工艺等方面则更多地沿用了宋代建筑的特征，尤其是最具代表性的大木结构的特征，完整地保留、体现和延续在故宫现存明代建筑上。也可以反过来讲，故宫明代大木结构建筑是我国传统建筑的继承、发展的鲜明例证。

2.1 举折法和举架法

《营造法式》中的一个结构特点是举折法，举折法比较复杂，把握难度较大。聪明的南方建筑设计师、建造师在实践中创造了举架法，举架法相对举折法更加简洁、易控、实用，成为明代官式大木结构的规范，在故宫的大木构件的运用上，已经普之、通之。

2.2 材份制在明代的演变

材份制在《营造法式》中有清楚的界定和规定，即"材、栔、分"三级模数制度。直白地讲，木构架的大小尺寸都由这三个单位来表示。换成数字比较，大木构件截面与材一致，比例一般为 3：2。

2.3 斗口制的建立及变化

材份制向斗口制的转变是明代大木结构对制式的贡献。斗口制主要是改变了大木构件的计算方法。明代檐柱、金柱的柱径大都由斗口规定，如殿宇檐柱柱径多为 5.0—6.0 斗口，金柱多为 6.0—8.7 斗口，如，故宫神武门、钦安殿等明代初年建造的宫殿类建筑，其檐柱柱径介于 5.0—6.0 斗口之间，金柱柱径为 6.0—7.5 斗口。经测量，西六宫的钟粹宫、翊坤宫、储秀宫等殿宇建筑的柱径尺寸与上述殿堂的柱径尺寸基本一致。（图 3）

图 3 神武门

明万历四十年（1612），太和殿、中和殿、保和殿等殿堂建筑重建，天启二年（1622）停工，明天启五年（1625）再度开工，明天启六年（1626）完工。明代末期较之明代初期建筑的规制、等级又有变化，其中中和殿和保和殿的斗口已缩小为2.5寸，比明初的3.6寸和3.3寸小了1寸左右。

明代末期中和殿、保和殿的柱径尺寸分别为7.5斗口和8.0斗口，这与清初太和殿、坤宁宫等建筑柱径的斗口数相当。由此说明，清代继承了明代创建的斗口制。

斗口制在清代初期的《工程做法》中形成了规范的制式。斗口制在明代长期使用，但目前未见到明代文字规定，其原因没有定论。值得强调的是斗口制对比材份制更加简便、易于操作，且经济有效。实际上在明代斗口制已经使建筑模式走向了标准化，可以说，这一重大的建筑制式是在明代初创的。

本文不着重探讨斗口制的发展、变化、形成定制的过程与原因，只是意在清楚地表述保存在故宫明代大木结构上的建筑文化特征，强调在保护维修中要毫无疑虑地永久保留这些历史文化存迹。

2.4 平面

中国古代建筑至宋代，大木结构基本上是将殿堂的结构以层叠形式构筑，即柱桓层、辅作层、屋盖层依次相叠而成。主要特征是每层自成体系，每层是相对的整体构造，上下重叠，已经形成了三层体系构成的建筑结构，虽然互相有必然的衔接联系，但整体性不突出，其结果一般为纵向受力较好，但横向受力要依靠斗栱撑架。由于节点不能做到很好的联结，所以古建筑大木整体构架稳定性较差。

梁和柱是大木构架稳定的主要部位和主要构件，加强梁柱间的联系也就成为增强大木构架整体稳定性的关键。在故宫古建筑中，无论殿、宫和堂都是十分明显地改进了梁和柱的连接形式。其主要方式包括：增加随梁枋、大小额枋；斗栱在结构作用上下降等级，降低高度；梁头直接伸出承托檩件；副阶大量运用镏金斗栱等。

2.5 正立面

正立面主要是由柱、梁结构组成，实行举架法。举折法是先定举高后定折法，举架法是先定折法再定举高。举折法的最大特点也是它的缺点，经计算，各架檐斜率呈非整数化。举架法正好相反，其最大的特点则是它的优点，经计算，各架檐斜率呈整数比。举架法不但算法先进，也容易掌握，屋面的曲线形态变化也呈现出多样性。

明代的举高明显加大，大多在 1：3.2 到 1：2.7 之间，说明不再沿用《营造法式》的三分之一举、四分之一举的做法，古建筑屋顶在正立面上所占的比例明显加大。这样改变了屋面平、缓、延的特征，使之更有建筑艺术的优美感，也更具有欣赏性，同时增加了实用性，包括使屋面更利于排水。

2.6 侧立面

表现侧立面特色的主要是对侧脚、升起等方法的运用。宋代的官式建筑根据柱的不同位置，采用不同的侧脚和升起。侧脚：柱头微向内敛，柱脚向外出。升起包括两种形式：一是檐柱升，即檐柱自明间中心柱向角柱逐步升起；二是脊檩升，即脊檩生头木向脊檩外端升起。正面檐柱"每一尺，侧脚一分"；里柱每高一尺，侧脚 0.8 分；升起以 2 寸为等差值。

在故宫明代大木结构中，对侧脚与升起等做法的运用逐渐减弱。明代初期还保留了侧脚的做法，但已经不符合宋代法式的规制。中和殿的侧脚仅 2.3 厘米，柱高 5.6 米。明代建筑几乎没有升起。故宫古建筑发展到这一时期，不再靠侧脚形成向心力，而是靠增加大木构架构件间的联系，例如，前檐童柱位于梁上，后檐童柱立于内金柱上，大木构件之间的联系日显紧密。

2.7 檐柱与明间的面阔比

在故宫所保留的明代建筑中，中和殿檐柱高 71.5 斗口，面阔 91.5 斗口；协和门檐柱高 59.9 斗口，面阔 72.6 斗口。其檐柱与明间的面阔比均符合《营造法式》的规定。因檐柱与明间的面阔比基本上不涉及大木构架的安全稳定性，保持宋式古建筑的尺度比例关系，可以使得房间视野更加开阔，所以这一结构性优点得到了很好的延续。

2.8 檐步梁架柱径斗口制

故宫明代建筑又一个特点是实施檐部梁架柱径斗口制，也为清代斗口定制打下了基础，开先之河。如中和殿、保和殿，明代末期修建，呈现的斗口数，中和殿柱径 7.5 斗口，保和殿柱径 8.0 斗口，清初修建的太和殿、坤宁宫，与中和殿、保和殿斗口数相当。这说明明代后期故宫建筑的步架已经逐步采用斗口制定模数。

2.9 斗栱在故宫明代建筑中的应用

故宫明代建筑斗栱做法产生了趋于装饰性的变化，主要表现在：斗栱分槽在神武门、保和殿、慈宁宫等建筑中出现并定型；梁下增加隐刻柁墩，代替十字科下垫柱峰；转角部位采用鸳鸯交首昂；坐斗有幽页；昂头侧面隐刻华头子等。（图 4、图 5）

3 明代故宫大木结构现存类型

故宫建筑的整体格局基本没有变化，作为宫廷组成部分的桥、河、道、院、墙等构筑物基本保留了明代原状。但宫殿建筑受自然损害、功能需要等因素影响，多有重修、改建和重建。具有明代元

图 4 保和殿上檐东北角鸳鸯交首昂

图 5 神武门坐斗幽页

素的大木结构建筑，可分为四种类型。

3.1 保存完整的明代大木结构的建筑

如前文所述，保存至现在的明代建筑，如故宫神武门、钦安殿、南薰殿、延晖阁、景运门、养心殿及其院落主要殿堂建筑、东西六宫大部分主要建筑等。其大木结构的用材主要是楠木。以神武门为例，神武门大木构架仍是明永乐十八年（1420）建造时的原物，在2006年的修缮中也未涉及大木构件的修缮。从该建筑的木柱侧脚、卷刹，屋面望板铺设方法，木构交接的螳螂榫，檐部里口木用法以及全部使用楠木料等特征，均可确定其建造年代。（图 6、图 7）

3.2 保留明代建筑主要结构的建筑

此类建筑虽经历了使用过程中的重修，但仍保留着明代建筑的主要结构，其大木结构主要用材仍是楠木，如中和殿、保和殿和西华门等。以西华门为例，其屋架的高跨比宋代举折制所规定的三分举一之法略大，屋架高跨比呈现出逐渐增高的特征。庑殿大木构造中斜梁形式在明代建筑中经常使用，与顺梁和扒梁均不太相同，其梁头不是趴在山面檩上，其下也没有柱子，形式与宋代的丁栿类似。

图6 神武门檐部里口木

图7 神武门翼角竖望板局部

图8 保和殿檩交接螳螂头口

进深方向设帽梁，帽梁与天花支条连做，帽梁间距非常小，进深方向每一井天花使用通支条一根，这样密集的进深方向的帽梁设置是明代建筑的典型做法。金柱在面阔、进深两个方向均有侧脚，与《营造法式》规定接近，但尺寸略大。两相邻檩间榫卯为螳螂头口，螳螂头口为宋《营造法式》的榫卯形式之一，该做法在明代建筑上普遍沿用。椽子交接部位为压掌做法，后尾为"卷鹅头"的做法。建筑采用顺望板形式。坐斗有斗幽页，角科斗栱采用鸳鸯交首栱的形式，镏金斗栱挑杆自蚂蚱头前端斜向上挑起，并与下部翘昂构件不发生关系等。上述的斜梁做法、天花进深方向设帽梁、采取柱侧脚、榫卯螳螂头口、椽子压掌和卷鹅头工艺、顺望板铺设、坐斗有幽页工艺等，到清代基本消失或改变。（图8）

3.3 保持明代结构，新增清代结构的建筑

在故宫还有一种特殊情况，即在明代建筑结构基本不变的情况下，增加了清代大木结构，慈宁宫是为一例。慈宁宫位于外西路前端，原为单檐，是典型的明代初期的建筑。乾隆皇帝为其生母祝寿而敕令改建。其主要目的是提高建筑等级，以符合帝母的身份。改建中基本保留原结构体，将单檐增高、增大，并变成重檐。保留了原明代的主要大木构件，楠木构件基本全部保留，且保留了卷

图9 慈宁宫

刹、升起、螳螂头榫、坐斗幽页、里口木等明代的营造特征。在保留明代主要结构、工艺和材料的基础上，新增了松木等清代构件和清代建筑做法，使得慈宁宫成为具有明、清两个时代大木结构风格的建筑。（图9）

3.4 保留明代显著特征的建筑

故宫中还有一些虽然建于清代，但还保留着明代的一些显著特点的建筑。这些建筑上承明代建筑构造做法，又与清代《工程做法》中的营造法式相近，例如太和殿。

太和殿系外殿三大殿的正殿，始建于明永乐十八年（1420），初名"奉先殿"。明永乐十九年（1421）被火烧毁后重建，之后又在明代遭遇两次火灾。清顺治二年（1645）改名"太和殿"，清康熙八年（1669）重修。清康熙十八年（1679）再次被火烧毁，直到清康熙三十四年（1695）得以重建，清康熙三十六年（1697）建成。其大木构架及构件不仅保留有明代特征，而且有清代建筑特点，是明代建筑向清代建筑转变并形成规制的代表性建筑，即清代《工程做法》营造法式形成过程中的一个过渡性建筑。太和殿带有明显的明代大木结构的特点，仅举其中几例。

（1）举架。其举架典型体现了由举折法向举架法过渡的特征，一些取值还近似举折，体现了明代举架法的规定。举架取值为：檐步为 5 举，金步依次为 6 举、6.5 举、7.5 举，脊步为 9 举。这也成为后清代建筑中常见的举值。各步架坡度取值为：檐步 0.48，下金步 0.572，中金步（下）0.69，中金步（上）0.716，上金步 0.887，脊步 1.043，各步架坡度取值均不是 0.5 的整数倍。脊部举高 1.043，高达十举左右，《工程做法》没有采用这么高的取值。

（2）斗口。《工程做法》的斗口尺寸模数已成规矩，规定斗栱的间距为 8 斗口，以此得到开间和进深均以斗栱攒数而定，每攒斗口以口数的 11 份定宽。太和殿各间斗栱间距值接近但不相等，最小值 892 毫米，约 10.1 斗口，最大 940 毫米，约 10.7 斗口，相差 48 毫米，约半个斗口，可见开间进深的取值并不是严格依照 11 斗口定斗栱间距，但各间斗栱间距均在 10.1—10.7 斗口之间，同《工程做法》的规定 11 斗口接近，说明太和殿虽然重建于清代，但仍有明代建造的特征，并为清代定值提供了依据。

（3）收分。太和殿前檐两侧 6 根檐柱，自西向东收分尺寸分别为 110 毫米、110 毫米、150 毫米、105 毫米、100 毫米、108 毫米，约为柱高的 14/1000，比《工程做法》的规定大一倍。

（4）侧脚。太和殿仅外檐柱有侧脚，所有内檐金柱均无侧脚。

（5）升起。太和殿外檐柱均没有升起。

（6）斗栱。太和殿采用了完整的镏金斗栱，且还保留着明代斗栱中刻隐华头子，清代《工程做法》颁布之后，已没有刻隐华头子

图 10　太和殿

的做法。但其斗栱中没有明代鸳鸯交首栱的做法，而是采用搭交闹头昂。明代的坐斗有幽页，而太和殿的坐斗已经是直线，无幽页。（图 10）

　　总之，我国古代建筑构造是以木结构为主导而发展、延续并达到顶峰的，故宫明代大木结构官式建筑是极具代表性的古建筑。因此，针对故宫明代官式大木构造，择其主要之点、明辨之处，做以上简单的叙述总结。

北京四合院中石作技艺的应用现状与传承保护 *

孙咏梅　北京建筑大学硕士研究生

马全宝　北京建筑大学副教授

内容提要: 北京地区具有悠久的传统建筑石作营造历史，保存大量使用传统石作营造的文物建筑以及民居建筑。不论是在历史文化层面还是在艺术审美层面，石作文化都具有深邃的研究内涵与极高的研究价值。近些年，四合院保护与利用越来越受到重视，虽然取得了一定的成绩，但在石作营造技艺的保护与传承上仍存在一些问题。例如，四合院宅院门口的门墩，有很多不符合形制尺寸，门墩的石材也并非"原材料"，甚至使用非石料材质进行仿制。因此本文以传统民居四合院中的石作为研究对象，试图深入探究四合院石作技艺的应用现状与传承保护，并指出其现存问题，分析其深层原因，提出相应的解决方案，以期实现四合院石作文化的传承与保护。

关键词：四合院；石作；小青石；门墩

中国传统建筑的建造体系是以木结构框架为主，其中木、灰、砖、瓦、石等为主要的建筑营造材料。"石作"作为中国营造技艺八大作之一，是重要的营造技艺，在传统建筑中的主要应用有台基、山墙、柱础、门墩等。

北京四合院传统营造技艺在北京老城营造历史上有着重要的地位。四合院不仅是京城百姓的住宅居所，还是北京民俗文化的重要载体。现今四合院已被列入国家级非物质文化遗产代表性项目名录。对四合院石作营造方面的探究是对北京都城营建历史遗产保护研究的重要组成部分。台基、石雕、门墩等丰富的构筑物体现出民居四合院极具代表性的石作营造技艺，有极高的艺术价值与保护价值。然而，目前有关四合院的研究多针对建筑的保护和利用等方面，对

＊　本文在写作过程中受到古建专家刘大可老师的指导，深致谢忱。

四合院中石作文化的研究相对较少。针对四合院石作文化的探讨与研究有着独特的价值。

1　北京地区的石作文化历史

石作文化在北京地区有其悠久的历史与深邃的内涵：一方面，北京地区千百年来孕育了杰出的石作匠人和精湛的石作加工与雕刻技艺；另一方面，北京作为帝都，其几百年的城市营建历史也促进了石作营造技艺的发展。京郊丰厚的石材资源通过数百代的石作匠人精雕细琢，其发展过程中不仅受到佛教、儒家等文化思想的影响，也融入了各个历史时期丰富多样的独特技艺，最终呈现出博大精深的中华民族的文化精神。

自北京建都以来，民居四合院伴随着坊巷胡同的发展日趋成熟。元世祖忽必烈诏令旧城居民，有钱人家与在朝廷任职的官员优先选择宅地。以八亩地为一份，分给官贾富户，在大都城内营建住宅，北京四合院由此大规模发展起来。[①] 北京四合院的营造深受儒家礼教的影响，这在四合院的设计与建造层面均有所体现。当时复杂的社会背景及不断发展的营造技艺共同铸就了北京四合院丰富的文化内涵与价值。石作作为中国传统五行八作的重要部分，在北京都城建设历史中扮演了重要的角色，体现了儒家思想在建筑中的传播。伴随着北京都城建设与民居四合院的发展，特有的四合院石作文化营造技艺逐步形成。其中主要包括四合院中建筑台基部分、宅前抱鼓石、石刻、石雕文化等极具特色的石作构件。大量石作构件上有复杂多样的雕刻装饰。北京地区自古石材资源丰富，常见的石料有青白石、小青石、花岗石、汉白玉等，其中用于民居四合院的主要有汉白玉和小青石，而在普通百姓民宅中使用的石料以小青石居多。

---

① 参见苑焕乔《北京石作文化研究》，中国地图出版社 2013 年版，第 38—39 页。

2 北京四合院中"石作"与"石活"的应用现状

北京四合院中的"石活"与"石作"主要包括以下部位：门墩处的石雕装饰、上马石与下马石（有时统称为上马石）、拴马桩、镇石雕刻及台基部分。传统石作营造技艺主要由"大石作"与"花石作"两大类别，统称为"石活"。其中上马石、下马石与四合院台基部分的石作多为"大石作"，一般为整块大石料直接加工而成。上马石为古人上马时使用，一般讲究的宅院大门两侧均会设置，通常为小青石或汉白玉石料制成。现今保留较为完好的上、下马石并不多。图 1 为帽儿胡同文煜宅前上马石，是现存保留较为完好的石作构件。图 2 为黑芝麻胡同 13 号宅前上马石，保存在原有位置，有部分残损，总体情况尚好。拴马桩是古时候用以拴马的石作构件，镶于倒座房的外部墙面上，并用石雕做石圈。如图 3、图 4 为北京

图 1 帽儿胡同文煜宅前上马石

图 2 黑芝麻胡同 13 号宅前上马石

图 3 东四六条胡同现存拴马桩（一）

图 4 东四六条胡同现存拴马桩（二）

东城区东四六条胡同墙面上的拴马桩，保存较好，可见原始拴马桩的形态与样式。"花石作"主要是指石作中的石构件雕刻，如四合院宅门的门墩。门墩作为"花石作"的代表，集中体现了四合院石作技艺的工艺美。

笔者在北京四合院的实地调研中发现，四合院中的石作与石活的保存现状不容乐观。首先，部分未经妥善修缮的四合院台基破损严重，台基处的石料多出现开裂分层等现象，并且存在许多不讲究的修缮手法，比如用其他石料整块替换原材料、混用石料修补拼接等。其次，宅院大门处的抱鼓石混用现象严重，不仅形制规格使用混乱，而且原材料混用，还有许多宅院门前的抱鼓石由于历史原因已消失不见。最后，上、下马石与拴马桩保留良好的屈指可数。其中，上马石这类大块完整的石料虽依旧保持在原位，但石料本体残损严重，缺少修缮和防护。有些拴马桩保存尚好，仍可以看到其内部构造的原样，但后期商业改造时完全忽视对其保护和修缮，直接将原有洞口用砖饰面进行填堵，严重破坏其艺术价值。

2.1 石作构件的形制问题

北京四合院宅前的抱鼓石是四合院传统石作中石雕技艺的重要载体，亦称为"门墩"，在北京胡同宅院门口处随处可见，分别由"门鼓石"和"门枕石"构成。北京四合院森严的等级制度在抱鼓石上也有所体现，包括门墩上雕刻的图案、门墩的尺寸及使用的石料等，其象征着宅院主人的身份和地位。一般达官显贵宅院门前的抱鼓石与平民宅院前的抱鼓石在其宽度、厚度、高度上有很大区别，平民百姓的四合院门口的抱鼓石尺寸通常为 590 毫米 ×250 毫米 ×190 毫米，而达官显贵宅院门前的抱鼓石尺寸一般为 750 毫米 ×450 毫米 ×300 毫米。现状是很多四合院宅前的抱鼓石尺寸与宅院等级不符，甚至有些宅院门口的圆门墩被替换为方形门墩。圆鼓子存在年代相对较早，方鼓子则是近百年内才出现的，因此使用方形门墩替换并不符合原宅院年代与形制要求。除此之外，现今北京胡同经历了大量的商业改造，更加剧了四合院门墩的形制混用现象，比如，许多商业区中改造的四合院民宅，为了追求商业店面效果，出现许多狮子形、异形门墩。狮子形门墩为皇家贵族宅前使用，并不会出现在一般四合院中。这种乱象应引起相关部门的注意，及时进行调整，切不可让商业化的发展破坏传统四合院中真实的文化内涵。

2.2 传统石作工艺现状

近年来，伴随机械化生产的不断发展，石作工艺的传承面临严重挑战。丰富多样的石雕图案凝聚着一代代匠人的智慧，从保留尚好的抱鼓石上精细的纹路便足以见得当时石作工艺的精湛。抱鼓石石雕丰富多样的图案，如麦穗、蝙蝠、荷叶、莲花、鱼化龙等，有着吉祥的寓意，是对宅院主人的祝福。图5、图6为北京帽儿胡同文煜宅门前的抱鼓石，虽然经历了漫长的历史变迁，其石料上的雕刻依然清晰可见，栩栩如生。石料表面虽有些氧化杂质与片状分层，但仍然能看出其石料的质感与透亮的色泽。在北京胡同的调研中发现，抱鼓石的石作工艺并没有得到很好的传承。一方面，抱鼓石上的花纹本应丰富多彩，并根据宅院的等级不同、宅院主人的喜好及工匠的工艺创作，呈现工艺美的多样化形式。而现今由于机器加工的介入，出现大量机雕图案，只是机械地仿刻图案与样式，不考虑图案是否与宅院本身规格形制相匹配，石雕花纹变得单一。另一方面，随着机械化的大批量生产，抱鼓石逐渐失去了传统匠人工艺的精细与生动，不再推敲雕刻手法和工艺，只剩下生硬的机雕痕迹，缺少手工艺精细打磨的生机与灵动。因此，现阶段石作面临着手艺失传的困境。单纯追求机械效率，却逐渐失去了原推敲打磨背后手工艺的艺术价值。

图 5 帽儿胡同文煜宅门前抱鼓石（一）

图 6 帽儿胡同文煜宅门前抱鼓石（二）

2.3 传统石作用料

抱鼓石的样式与尺寸复杂多样，石料材质也有区别。一般情况下，门墩的石料会选取传统建筑石料中的小青石或汉白玉，然而现阶段出现大量门墩石材乱用的现象。一般情况下，在北京地区内城的门墩，尤其是官宅或府衙的门墩所选用的石料多为汉白玉，外城普通百姓民居的门墩石料以小青石为主。然而现状是，有些门墩甚至使用非石材的泥浆等材料去仿制，只是复制了门墩的形状，失去了石料的质感。此外，随着私宅与商业类店铺的改造，为了追求装饰效果，将宅前的门墩换成了汉白玉等规格更高的石料，虽然看着更加"气派"，但是违背了四合院建筑的规制，与宅院等级不符。

3 四合院石作技艺面临的问题与思考

综合上述四合院石作现状，笔者走访了传统石材加工的厂家，探寻四合院石作传承与保护面临的问题。一方面，石料的混用和修缮不当与石材的原材料供应有直接关系。近些年，根据政策要求，京郊矿山不允许继续开采。这是现阶段石材原料供应遇到的最大难题。没有原石料的供应，导致现今四合院修缮中很难见到原汁原味的小青石，只能用色泽接近的石材替换。另一方面，从传统工艺的角度来看，石作工艺没落的主要原因是工艺传承遇到难题。因为随着机器化生产的占比逐渐加大，传统工艺市场经济受到极大挑战。使用机器打磨石构件、雕刻花纹虽然效率高，却没有原手工匠人对石材纹理的精雕细琢。手艺精良的老师傅越来越少，年轻人也不愿意学习传统技艺，传统的雕刻技艺逐渐消失。设计人员与施工人员对于传统石作文化并没有深入的认知与了解，仅仅比着原物复刻，也很难做到高质量的修缮与保护。因此四合院石作常常出现形制和尺寸混乱、石料乱用等现象。

北京四合院不仅仅是历史固态的遗存，更是民俗文化和传统技艺的载体。其中历史悠久的各类石作构件，无论是承载结构的台基柱础，还是小巧精致的石雕装饰，都有着独特的历史与审美价值。在城市更新进程中，我们应做好保护和传承工作。一方面，提高四合院石作文化的大众认知与保护意识。比如，在一些知名胡同景区内设立专栏等为游客与居民做介绍与科普，提高人们对四合院石作文化的重视。另一方面，在营造技艺层面要注意石作匠人的培养，积极努力恢复技艺传承，保证传统技艺不流失。另外，在北京城市更新过程中，古建筑专家的引领和质量把控不可或缺。在设计和施工阶段，严格遵循传统形制、样式、材料等，并尽可能采用传统工艺。机刻的石雕产品缺少灵性，无法与中国传统技艺相媲美。伴随着非物质文化遗产保护的兴起，希望公众对于四合院石作的认知能加深，保护与扶持石作技艺，以期四合院石作营造技艺能够得到更好的传承与发展。

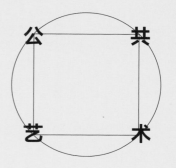

PUBLIC
ARTS

建筑

艺   术

中国公共艺术发展现状及问题刍议

吴士新　中国艺术研究院建筑与公共艺术研究所研究员

内容提要：文章分析了我国公共艺术发展存在的问题。首先，资金、监督等相关制度保障仍有待明确。其次，处理城市公共空间的现代与传统、实用与历史、保护与开放的关系，以及对具有较高的历史价值、文化价值、精神价值的传统公共空间的保护工作存在不足。再次，一些城市缺乏对公共空间的长远规划，公共艺术在打造城市形象、城市精神方面的作用发挥不够，同质化现象严重。最后，公众在公共艺术方面的参与能力有待加强，认知水平有待提升。

关键词：公共艺术；公共空间

众所周知，公共艺术的发展与现代城市化的进程密不可分，而现代城市化又与技术和工业革命紧密相连。如果说第一次工业革命催生了英国的城市化，而第二次工业革命催生了德国、法国的城市化，第三次工业革命则催生了美国、日本的城市化，那么，试问，第四次工业革命将会给中国的城市化带来什么呢？

历史的演绎总有相似之处，却又不尽相同。进入 20 世纪以来，我国随着社会进入转型期，城市化进程加快，公共艺术发展进入了新的发展阶段。国家统计局发布的《中华人民共和国 2017 年国民经济和社会发展统计公报》显示，2017 年年末全国大陆城镇常住人口81347 万人，占总人口比重（常住人口城镇化率）为 58.52%。按照"城镇化率年均提高一点二个百分点"[①] 的速度，预计到 2030 年左右，我国将基本实现城市化，即达到城市化人口占总人口的 70% 的水平。就目前来说，中国城市化速度正处在加速期。在这样的背景下，我

---

① 《习近平：决胜全面建成小康社会 夺取新时代中国特色社会主义伟大胜利——在中国共产党第十九次全国代表大会上的报告》。

国公共艺术进入高速发展阶段，公共艺术作品数量、规模十分惊人。但是，由于体制的不明晰，导致了公共艺术的发展的局部"失衡"，公共艺术作品良莠不齐。当前，我国公共艺术发展存在以下几个问题。

1 资金、监督等相关制度保障仍有待明确

1.1 资金制度保障不固定

与公共艺术发展资金有明确的来源保障的美国[①]和日本[②]相比，我国的公共艺术资金来源并不明确，其大体上可以分为以下三类：一是固定的政府财政拨款，二是不固定的政府财政拨款，三是房地产开发商自筹。这种艺术资金来源的不稳定性和性质的模糊性，客观上造成了公共艺术作品方案形成、实施、设置、保护等方面出现的随意性和局部性，对公共艺术作品的质量、创作目的会有较大的影响。

（1）固定的政府财政拨款。这笔拨款数目较小，而且应用的范围也比较窄。1982 年 3 月，中央对《关于在全国重点城市进行雕塑建设的建议》做了批示，同意每年拨专款 50 万元人民币支持城市雕塑事业，各地方政府根据这一政策纷纷成立了各自的城市雕塑领导小组，例如 1983 年 3 月成立的"成都市城市雕塑规划组"。当时的城乡建设管理委员会决定，每年从城市建设费用中拨出 20 万元人民币为城市工程实施专款。1983 年至 1989 年，政府连续 7 年实施了这项拨款。但是，对于建筑及城市环境建设方面的资金立法，并未

---

① 1970 年以后，在美国可以经由下列四种方式得到公共艺术经费上的补助。①国家艺术基金。由美国国会提供，用以赞助公共艺术。②由政府及作者平均负担公共雕塑的经费。③建筑物的建立必须留下百分之一的基金，以作为公共艺术的投资。④建筑物若留下一块空地供公众使用，而且是 24 小时开放，不作私人用途，则该建筑物可以减免税金。

② 日本与美国公共艺术政策由联邦政府制定不同，日本中央政府并没有一个明确的法规规范公共艺术，也没有补助公共艺术的"国家艺术基金"，他们的文化厅并未插手管理公共艺术。对公共艺术发展起决定作用的是日本各地方政府和民间资本。各地结合自身城市发展状况，设计艺术美化环境工程，出资执行公共艺术。经费来源于各市、县级政府的国民税收。工程资金不足时由中央建设省给予支持，数额约为总造价的三分之一。

形成全国性的气候。例如2001年7月在成都举行的公共艺术环境论坛上曾有人提议，在各个重大的公共建设项目和大型地产开发项目中，均应按投资的百分比确定资金用于公共环境，并希望以成都作为试点，然后在全国其他地区推广。但是，此提议至今都没有明确的制度保障。

（2）不固定的政府财政拨款。政府根据不同公共艺术项目的立项进行拨款，拨款数量一般根据公共艺术实施规模的范围、作品数量、技术难度及艺术家水平的高低等多方面因素进行预算，资金一般来自代表公共行政机构的建委或者有关政府机构。这种财政拨款所资助的公共艺术作品以及方案，通常具有较为鲜明的政府公共服务职能。政府对公共艺术的管理和服务职能决定了公共艺术本身所具有的福利性质。

（3）房地产开发商自筹。开发商为了能够使建筑有更好的环境，也会对公共空间进行艺术化改造，以便获得最大化的商业利益。开发商的中心目的是营利，这与公共艺术倡导的福利化精神是背道而驰的。而且开发商对城市的开发往往是孤立的、片断式的，很难从宏观上把握一个城市公共艺术的意义。因此，对一个城市各个地区的开发如果不纳入一个整体的规划当中，势必带来公共空间陷入无节制的商业化所造成的公共艺术之间的混乱。公共空间中的商业化和艺术化如果能够有机地结合可能会产生好的公共艺术作品。反之，不顾及艺术和人的需要的过度的商业化，可能会破坏公共艺术中的公共性。例如，过多的商业化楼盘的出现使得建筑失去了建筑的性格，商业化的公共空间当中所呈现的更多的是代表消费主义图像的艺术符号，一大批时髦的、流行的"××园""××别墅""××风情"建筑和空间场所的出现，追求一种局部的和谐的同时，往往失掉了空间的整体和谐。

1.2 公共艺术作品缺乏监督

公共艺术作品方案的形成、实施、设置、保护及公众参与等缺少必要的法律制度保障。一些城市公共艺术作品的招标、制作等不透明、不规范，专业人员、公众参与度不够。艺术作品设置后，随意拆除，轻者造成公共艺术作品品位低下、制作水准偏低，公共财政浪费，重者则造成工程的腐败问题。从公共艺术的设置来看，公共艺术方案的遴选、制作应有专门的社会委员会来负责。由谁来决定艺术品的收藏或置放？按照惯例，博物馆的艺术品收藏，通常是由能够代表国家或政府的官员或委员会来决定的。一般情况下，艺术品的收买都是由行政官员负责的，顾问委员会协助，由博物馆或美术馆的管理人员实施。如果这些管理人员没有艺术品的鉴赏能力，则选择有艺术鉴赏能力的人来做顾问，但是他们的选择代表什么呢？在博物馆或美术馆收藏中，通常是由博物馆或美术馆的行政人员、艺术鉴赏家、艺术批评家、艺术家等组成的委员会负责，而缺少具有艺术鉴赏能力的公众代表。与此不同，公共艺术委员会会邀请公众代表，甚至对公共艺术实施的区域内的公众做问卷调查，由艺术鉴赏家、艺术家、社区行政人员、社区代表组成的委员会对公共艺术的实施方案做出选择。而公共权力和最佳方案的选择之间常存在矛盾。

与开放性的公共艺术相比，陈列在艺术博物馆、艺术展览馆的艺术具有封闭性、展览性的特点。艺术展出的地方在一定程度上决定了公众对于艺术的态度，反映了艺术公共性的另一个层面。陈列在博物馆或艺术展览馆的艺术作品因其所处的场所而获得了被展览感，被展出的艺术作品实际上是难以与人们日常生活的环境发生关系的。无论是在博物馆还是在展览馆，艺术作品只是表达艺术作品本身，专业人士关注的是它抽象出来的历史背景、文化意义、语言技法，而一般公众也只是将它作为一个了解艺术知识的窗口。在这样的情况下，博物馆或展览馆指向的是历史而并非生活，而公共艺术则不同，它自身及所处的公共空间或公共场所本来就是生活的一部分。将时代精神、民族生活和艺术紧密地结合起来，塑造一种具有公共精神的空间艺术，是公共艺术的特质。与以陈列、展览和保护为目的的博物馆、展览馆艺术不同，公共艺术具有的开放性，强调了参与者的现世生活化特征。从功能上来看，博物馆艺术则一般指向脱离了事件以及事件发生场所的艺术。它是一种历史的遗物。展览馆的艺术品则突出艺术家的创造性。而公共艺术则不同，公共艺术没有把艺术从生活中剥离。相反，公共艺术更注重艺术作品方案的形成、实施、设置、保护以及参与等一系列过程，并提倡艺术与公共空间、公共场所和公众之间的互动、协调关系。因此，公共艺术制度实际上是对整个公共艺术活动的一个规范化、程序化、制度化的规定，为公共艺术的发展提供保障。

1.3 公共艺术法律制度缺失

公共空间是一个复杂的、信息混合的场所。它可能涉及社会、政治、商业等属性。因此，对公共空间进行艺术再造需要有一个制度化的顶层设计。公共空间的艺术再造应该和艺术博物馆、艺术展览馆中对公众开放展出的艺术品一样，属于国家文化艺术制度的一部分。目前，公共艺术和艺术博物馆制度是国家与政府保护和激励艺术发展的最重要、最基本的两种方式。从艺术品收藏的角度来看，艺术的国家保护，是私人保护受到最终灭绝的威胁后，艺术家、艺术史家、社会学家、政治家等对国家艺术保护要求的结果。英国艺术学家赫伯特·里德指出，政府"应通过购买画家和雕塑家们的作品作为国家的收藏品，通过委任他们从事专门目的的创作，以支持他们。政府应该或者委任艺术家装饰公共建筑，或者引进瑞典及其他国家对有关方针的立法，在这些国家，所有公共建筑物的全部建筑费的一定数量的百分比被要求用在艺术家对它们的装饰上"①。从某种意义上来看，艺术展览馆对公众的展示和开放性关系到一个国家塑造什么样的艺术制度和文化价值观。而从艺术品的设置来看，公共空间中的艺术品设置以及艺术再造不仅反映出一个国家公民的当代审美诉求，更反映出一个国家可以预见的艺术生产动力。

从另一个角度来看，非开放性的艺术展览制度在根本上反映了国家对一般艺术的政策，反映了国家对公众在文化及艺术福利化问题上的态度。西方艺术博物馆、展览馆对所有的公众是免费开放的。中国的公共文化制度缺少更为广泛的公共性，具体表现在以下几个方面。

（1）只有艺术政策，没有固定的、法律化、制度化的公共艺术制度。"政策"相对于"制度"而言具有易变性，即政策会随着领导或社会的变化而发生变化，远远没有法律化或制度化更具有长久性和恒定性。由于没有相应的制度做保障，政府财政无法提供固定的艺术资金或财政拨款，公共艺术实施的相关费用无法得到有效的保障，从根本上制约了公共艺术的发展。另外，由于公共艺术福利性特征未得到法律的明确规定，有些地方甚至存在以公共艺术之名进行私人营利性的活动。如各地游乐性公园存在着谁管理谁经营谁收费的现象。没有法律化、制度化的保障，就会存在权力滥用的问题。一些地方政府在"政绩主义""形象工程"的驱使下，滥用公共权力的现象时有发生。此外，公共艺术制度不同于一般艺术的收藏制度。作为公共财产的一部分，公共艺术作品的方案审批、招标、设计、设置、版权、保护等都亟待立法。近些年来，公共艺术作品的盗损事件不断发生。更为严重的是，作为城市市政规划的一部分，对公共艺术设置的长远性缺乏考虑，出现了大量的劣质的公共艺术作品。

（2）国家的文化艺术体制与社会公众艺术需要缺乏互动。社会

---

① ［英］赫伯特·里德：《现代艺术哲学》，朱伯雄、曹剑译，百花文艺出版社1999年版，第48—49页。

不断发生变化，公众的文化艺术诉求也在不断发生变化。以往国家制定有关艺术政策往往是从国家意识形态或领导者个人意志出发，对公众需要和公众诉求缺乏重视，因而公共艺术文化政策不能够真实地反映公众的要求，这与"不断满足人民群众日益增长的物质和文化生活需要"是相悖的。

2 城市公共空间更新中存在许多不足

自近代以来，中国城市的发展大多建立在过去建造的城市的基础上，而且改革开放以后的城市扩张也是在原有建造的城市的基础上进行的。但是，近现代以来，西方城市规划理念进入中国，与以风水为传统的城市建造观念产生了冲突，传统的地理人文观念遭到破坏，城市的文脉被割断，加上人口的急剧增长和消费主义对空间的无限占有，使得城市的规划发展一度陷入混乱的状态中。这种混乱在公共空间当中也反映了出来。更为重要的是，很多城市的建筑不能有效地反映出建筑艺术的时代精神。一些城市中，各个时期的建筑风格鱼龙混杂，缺乏有效的长期规划，各个区域的建筑互相孤立，各自为营，不能以整体面貌反映出城市建筑特点。应该指出的是，这些不和谐的最根本原因是各种利益集团之间的争斗，使得各种环境因素无法有效地实现公共性价值。

"随着人类社会的经济发展，资本的积累和集中，人类财富和聚居环境的两极分化，城乡差别的扩大逐渐产生。不仅出现城市与乡村的差别，而且出现城市中的豪华区与贫民区的区别。城市交通机器（机动车）的出现，打破了过去的'马路'的街道格局。许多城市往日的步行广场，增开了周边的机动车道，使广场成为孤岛或半岛。"① 一个城市的地理文脉被打破，城市格局便会发生紊乱，

---

① 亢亮、亢羽：《风水与城市》，百花文艺出版社 1999 年版，第 56—58 页。

出现"千城一面"的状况，城市的风貌特征消失殆尽，一批风格特异、求新求变的建筑出现。这些建筑最大的特点就是在注重建筑的视觉样式的多样性，但忽视了中国传统城市建设理论，忽视了建筑和环境、人之间的关系。这些建筑在本质上是"用西方的机械唯物主义观点和方法改建中国城市。见物不见人，见人不见'神'，把城市建筑群视为工艺品陈列集锦。而不知'工艺品'里面和附近要居住着人"[①]。和建筑一样，城市公共空间中的符号、视觉表征也出现了大量的照抄、照搬西方的样式，它们连同我们的城市一起在逐渐失去我们民族的记忆。农村孕育了城市，而城市文化和城市性格就像是成熟的青年性格，应该显露它的个性。然而，令我们痛惜的是，在中国，似乎"青年"的性格一旦成熟，就忘记了孕育自己的乡村文化的性格。大量不加区分的、千篇一律的西方样式和风格的建筑在占领着我们共同生活的大空间——城市空间的时候，大量的西方符号占据着我们的视觉空间的时候，一方面我们似乎看到了一种"现代性"，看到了中国迈向现代化、城市化的表象，另一方面，我们却有着一种失落感。

中国人崇尚山水，山水具有自然属性，更具有文化意义。"山川自然之情，造化之妙，非人力所能为。"（《葬经翼》）孔子曰："智者乐水，仁者乐山。"中国人对山水的崇尚之情具有深刻的意义，并对古代城市规划的思想产生了重要影响。山水系统作为城市的环境系统与城市环境息息相关，风水学认为，"地有吉气，土随而起"，山水相交之处，就是生气萌发之所，风水聚合之处，生气停住之所，所以古代城市的选址多在风水聚合的广川之上。在几千年的城市发展中，中国城市的山水环境主导着城市的格局和面貌。在山水思想的统引下，城市格局和风貌在发展中一脉相承。自近代以来，特别是改革开放以来，我国的城市理论主要以西方文化体系为主，传统

---

① 亢亮、亢羽：《风水与城市》，百花文艺出版社 1999 年版，第 58—59 页。

的山水观念被抛弃。在城市的改造和建设当中，旧有城市格局和环境被打破，城市的发展文脉无法得以承续。中国城市的公共空间的再生性和可持续性缺失，传统城市景观逐渐被现代城市景观替代，风水观念的抛弃对人的生理、心理、社会和文化产生了副作用。

　　传统与现代的共生并未反映传统与现代形式上的和谐，而是反映了人自身的矛盾。一方面，现代政治制度、现代商业模式、现代工业模式、现代信息化已经最大限度地把地球的资源进行重新配置，人类的生存、生活方式与以往截然不同。另一方面，传统的宗教信仰、习俗观念仍然发挥着作用。人的生存现状似乎反映出城市在集聚扩张之后对乡村文化的吞噬效应。这种效应反映出人生活方式的现代化，而文化观念则空洞化。传统与现代在空间的扩张中发生着激烈的对抗与融合。这种融合在空间中产生一种新的力量，传统的艺术样式（形式）作为一种复制的形式成为新时代的一种符号。传统的时空观念在新的公共空间中被赋予了新的意义。在城市的扩张中，群体的方格子建筑与传统的中式建筑产生了鲜明的对比，在传统的文化空间中，为了保存空间的文化意义，中式建筑也通过形制复原、跨界组合的方式脱离了旧有的文化意义，从而在现代公共空间中散发出一种别样的精神特质。

　　事实上，这种复制、复原的方式并不是对现代空间的一种重新塑造。在中国大规模的城市化扩张中，部分城市中一些非传统的建筑样式或者我们称之为旧有的文化空间遭受了大拆大建式的破坏，推倒重来似乎是城市扩张的唯一方法。摧毁旧世界，塑造新世界，似乎成为一个时期中国城市空间发展的特点。这种肆意的破坏性扩张的恶果是可见的，一些建筑空间虽然没有久远的历史价值、文化价值和艺术价值，或者说它们不符合国家规定的文物的标准，但是这些空间凝聚了特定时代、特定人群的历史记忆、情感诉求和身份认同感。因此，对这些建筑空间的破坏，从物质上消除了生活在此地的人的特定记忆和情感。我们从哪里来？我们是谁？我们到哪里去？第一个问题我们便无法回答。如何既能保留我们的历史记忆、情感诉求和身份认同感，又能满足我们的空间居住需要，是我们必须思考的问题。我想，对旧城区的改造不应该推倒一切重来，而是需要将各种诉求分割开来，通过细致的空间设计、改造来重新塑造这个空间的文化精神，使空间得到再生。

旧城公共空间通常以具有一定历史价值的建筑作为基础。英国国际古迹及遗址理事会主席伯纳德·费尔顿认为："历史建筑是能给我们惊奇感觉，并令我们想去了解更多有关创造它的民族和文化的建筑物。它具有建筑、美学、历史、记录、考古学、经济、社会，甚至是政治和精神或象征性的价值；但最初的冲击总是情感上的，因为它是我们文化自明性和连续性的象征——我们传统遗产的一部分。"[①] 对历史建筑的保存、保护、修缮、修复是对旧公共空间保护的常用的方法，但是，对于一些可以不必整体保留的历史建筑，抑或可以通过部分保护、部分设计改造的办法进行空间规划和设计。

对旧城公共空间改造应该着眼于以下几个方面。①要对旧空间中的自然、社会、文化、生活、艺术、居民等诸要素进行深入分析，通过调查、分析、研究的方法进行改造。②设定空间中的现代视觉元素，通过合理的材料、形式语言的搭配，通过突出传统精神和现代精神两个方面来呈现一种多元共生的空间精神，继而令空间得到再生。③着重考察被改造地方居民的需要和诉求，通过问卷调查的方式，合理地保留旧有的空间样式和元素。

这样的改造，对于生活在旧城市空间的人来说，意味着不必与历史记忆割断联系，也不必全部推倒重来。这种改造既不是一种空间的"嫁接"，也不是对旧有空间简单地复原。相反，它是对旧有空间记忆的一种引导。对于旧有空间的改造可以分为有意识改造和无意识改造两种。前者往往通过政府的规划，让空间设计师、建筑

---

① 周斌：《现代广州的旧城改造：加速逝去的老广州》，《国家人文历史》2013 年第 14 期。

师及艺术家参与其中。而后者则是一种自发的、无意识的，它往往出于部分的商业动机，这种动机来自个人利用空间达到某种诉求，但这种改变往往是微小的。在信息社会下，旧的公共空间往往会通过借助虚拟的艺术空间，例如电子屏幕、灯光等进行艺术化处理，达到改变现实公共空间的目的。虚拟空间和公共空间的结合成为现代城市公共空间一道亮丽的风景线，使人置身于难以分清的现实和虚拟之中。毫无疑问，虚拟空间将会继续改变和丰富城市空间的特质。

3　公共艺术缺乏内在空间精神，同质化现象严重

　　一个城市就是这个城市空间的整体。城市的视觉不仅决定着这个城市的艺术特色，还深深地影响着生活或游历于城市中的每一个人。整个城市的公共空间视觉效果是由多种元素组成的。这些视觉元素又构成了城市空间中各种不同的场所的特征。凯文·林奇认为，一个城市的视觉品质，主要着眼于城市景观表面的清晰或"可读性"，亦即容易认知城市的各部分并形成一个凝聚形态的特性。"一个可读的城市，他的街区、标识物或是街道，应该容易认明，进而组成一个完整的形态。"城市环境意象的好与坏是决定人们在现代城市中是否能够迅捷地熟悉城市空间、方位的关键。林奇认为："在现代城市中很少会有人完全迷路，因为我们有许多可以借助的工具，比如地图、街道编号、路标、公共汽车站牌，等等。但是一旦迷失方向，随之而来的焦虑和恐惧说明它与我们的健康的联系是多么紧密！"[①]城市环境对人的心理影响还远不止如此，城市的方位感只是生活在城市空间其中的人试图寻找自身家园感和空间归属感的一部分。事实上，构成城市公共空间环境的文化标志、建筑、街道、

---

① 〔美〕凯文·林奇：《城市意象》，方益萍、何晓军译，华夏出版社 2001 年版，第 3 页。

艺术品等诸多因素，都会对一个在公共空间当中所形成的城市意象产生巨大的影响。"一个整体生动的物质环境能够形成清晰的意象，同时充当一类社会角色，组成群体交往活动记忆的符号和基本材料。"①当城市群体交往活动的记忆符号和基本材料变为一种陌生的符号的时候，人们的心理则易产生一种不安全感。公共空间之间的互相积压、互相排斥，造成了混乱无序、拥挤狭窄的日常心理空间。公共艺术的造型、色彩在其中也无法形成有效的统一。建筑、壁画、雕塑、广告、道路等不同的视觉元素之间相互冲突、阻断，加剧了城市的城市空间给人的视觉、心理感觉的不舒适感。这种无序的、不加控制和管理的公共空间视觉系统给人造成难以抗拒的巨大心理压力。此外，人们为了争夺生存空间，扩张自身无度地占据其他空间的心理暗示，增加了城市人的为生存而无序竞争的心理暗示。

事实上，我们在城市空间中所感受到的不安全感并不限于在城市空间中的方向的迷失感和混乱感。中国现代城市化的过程，也是一个从农业文明向工业文明，从乡村建筑向城市高楼大厦转变的过程。大量的现代城市建筑符号和城市空间符号占据了人们的视觉空间。这些现代城市空间符号指向的是大写的"拜物""盈利"场所，这符合了人世如浮沉的短暂的世间寄托主义的心理。在这些被消费主义占据着的场所和空间中，偶尔能够看到能够代表我们历史的空间符号特征，这些空间场所在时空的转换中已经失去了最初的精神，最初的意义被覆盖，被赋予了新的时空意义。

对于文化激进主义者而言，这些"旧"空间应该遭到拆除。但是他们不知道拆除之后如何建立一个"新"空间。对于文化兼容主义者而言，对"旧"空间的拆除兼顾了对"新"空间的建立。前者"破而不立，建而未立"的性格属于青年的品格，是一种不成熟的品格；后者"破而兼立，建而更立"则是成年品格，是一种成熟的品格。

---

① [美]凯文·林奇：《城市意象》，方益萍、何晓军译，华夏出版社2001年版，第3页。

一方面，过多的文化归属感（民族、历史）使人们过分依赖于历史的惯性；另一方面，对于西方语言方式的浅层的、表象的移植，产生了一种公共空间与区域文化传统的断层。将两种性格中和起来，"旧"的空间和"新"的空间互相能够映衬出别样的感觉。从另外一个角度来看，处理"旧"空间与"新"空间的问题核心就是要塑造一个什么样的城市性。在整体中寻求变化，追求"和而不同"的布局观念，似乎可以看作一种未来城市空间分割的途径。一个城市的发展不可能统一于某种风格，但是城市规划和城市设计必须要建立一种城市空间的秩序。我们建立这种秩序的办法就是设立城市的基调，它可以以某一种建筑风格为基调，可以以某一种色彩为基调，在视觉整体效果的基础上寻求变化。一个好的城市空间整体上像是一部乐曲，尽管音乐的章节不同，音调的高低、长短、扬抑不同，但是整体的基调是相同的，服从于一个既定的主题。

此外，城市是空与实的相互影响。街道的线条、广场的空白和绿色区域，绘制了一张开放与封闭相互交织在一起的地图。这些交织的丝线构成了城市的结构。建筑的实赋予了一个地方的性格。虚空在城市格子的相互联结中积极地发挥作用。然而，由于过多地关注建筑的提升而忽视虚空与环境就会造成不良的后果。

作为日常生活的一部分，公共空间或公共场所中所具有的公共精神具有差异性，即公共场所或公共空间会随着社会活动的变化而变化。在一个具有现代工业精神的场所中，会发生具有农业特征的社会活动或社会关系。例如，在现代城市公共空间当中，会保留少量的具有农业特征的空间符号，如古代建筑、园林、道路等。尽管这些空间符号已经失去了当时社会活动的场所功能，但是作为一种历史符号的指向与历史的场所精神发生联系。这种场所精神实际上并不是以一种"此在"形式存在，而是以一种"彼在"的形式和公众发生着联系。因此，占据现代城市公共空间和场所的古代建筑物所具有的"彼在"场所精神会和我们"此在"的社会活动或空间场所发生一种空间的相遇。实际上，这两种碰撞的空间场所的延伸、扩展，强调了各自的精神。例如，故宫，作为一个古代建筑群，建造之初是皇帝处理朝政、生活的地方，是皇帝至高无上的权力和地位的象征；但是在今天，北京故宫在现代公共空间的包围下，如天安门广场、人民大会堂、长安街等，其场所的象征寓意已经完全得以延伸，成为教育公众国家历史的绝佳场所。与之相应的天安门广场、人民大会堂等现代公共建筑，在故宫建筑的映衬下，其现代公共精神和民族精神得以凸显——两种不同时间、同一空间的公共空间符号和谐相处。

中国在经历社会转型走向现代化的过程当中，一大批丧失了原有的场所功能的建筑或社区出现。它们的原意是不具有现代意义上的公共性的，但是，作为一种经典的艺术，往往通过媒体传播和对公众的开放，而产生出公共意义。这是一种错位。而另一种错位在于，随着现代城市公共空间的产生，公众的社会活动往往保留了一些旧有的生活习俗。在当代大部分现代化城市文化中，仍然保留了不少具有民俗特征的习俗以及民间特征的文化艺术。这种民俗民间记忆的存在，在一定程度上消解了由于城市现代化给人类带来的一种因物质消费而产生的迷失感。但是，这也反映出当代城市文化精神内涵的缺失。因此，对于空间场所意义的认定并不在于这个场所外观是否美观、实用，而在于它能否给生活在其中的人一种安全感，以及由此获得一种精神的满足感。这完全有别于为了创造一种虚无的现代感而使人产生一种焦虑感的公共艺术。这也是当代公共艺术作品所面临的问题，徒有形式而缺乏内在空间精神。

当前一个不争的事实就是，公共空间的商业化加重。与中国城市化发展一起兴起的还有商业资本。城市的区域开放与商业资本紧密相关。商业资本的逐利性与公众对公共空间诉求在某种程度上是矛盾的。如前所述，公共空间的商业化，或公共空间受各种资本的控制是一个不争的事实。因此，对于大部分城市的公共空间来说，商业资本的介入似乎改变了空间的公共属性。从另一个角度来看，公共空间的商业化或商业资本的控制并不意味着商业资本对公共空间的侵害，相反，它可能为了商业目的来满足公众诉求。如果说，公共空间是一种"商品"的话，那么它必须考虑公众的消费需求。然当城市公共空间的商业化过度时，城市上空弥漫着利益的诱惑，反映出商业利益与消费需求的双重同质化。

4 公众对公共艺术的参与、认知有待加强

从表面上来看，公共艺术反映了一个地方的文化环境，但事实上，公共艺术折射的是一个国家公民的审美能力和创造能力。当前，我国大众审美教育的投入仍有待加强。在现代城市，艺术的商品化趋势愈加严重。从狭隘的角度来看，艺术发展到现在，艺术品市场的繁荣掩盖了很多问题。其中一些问题需要我们特别警醒反思。一是我们的艺术标准是什么？这是一个相当难以回答的问题，但是又不得不去面对。当前有一个趋势就是试图通过艺术的多样化来弱化艺术的标准。我们不得不承认，对艺术的包容，各种流派之间的相互融合，成为艺术繁荣的基石之一。但是，问题在于我们这个时代需要什么样的艺术？这就是艺术标准的问题。

每个民族都有孕育自己文化的一块土，一个母亲。这些年我们更多关注的是艺术本体样式、语言的问题，却忽视了产生它们的母体。之所以使用"母体"一词，从研究的角度来讲，是因为它要比"东方文化""中国文化"甚至"文化人类学"来得更准确些。母体包含了我们这片土地上的地理风貌、文化风俗、历史遗存、思想观念、审美习惯等。当下，我们对母体的认知不够，甚至有时候忽略。实际上，重新认识母体就是认知我们自己。对当前的实用主义、功利主义，特别是艺术教育的单一化，重新认识母体，对我们当前的艺术工作具有重要的意义。艺术教育中的艺术标准化、艺术本体化对

培育公众的艺术认知以及艺术思维逻辑力、判断力是一个基础性的工作。如何从小就开始培养公众的艺术感知、艺术思考能力，并将之贯穿终生，是我们思考的问题。以此，人们在成长过程中可以逐步树立相对理性而客观的艺术审美和价值评判标准。当然，这种艺术的审美逻辑判断是建立在对艺术本体、样式及产生来源的基础上的，这些都是母体产生的结果，而不是母体本身。对艺术史的认识，也是对风格、流派、材料之于人等方面的系统总结，通过这些系统的研究，来提升人对于人类社会精神世界的认知。

有意思的是，近些年的艺术史的研究与写作并不具备这种功能，反而诸多的"噪声"掩盖了真相。文化和艺术的噪声如同北京上空飘移的雾霾一样，阻隔着人们自由畅快地呼吸。人们对一些历史的认识，对一些艺术作品的认识，也被这种噪声淹没。对西方艺术史方法的吸纳，是重塑东方母体艺术史的手段之一。近些年来，许多艺术史学家都在尝试这一方法。遗憾的是，我们的尝试并不成功。在中国城市化日渐加快的今天，对母体艺术的认识显得更为重要。对中国艺术史重新书写，以适应公众的艺术诉求，重构中国艺术的价值主体，也成为当前面临的任务。

从整体上看，我国当代公共艺术的发展在法律制度、观念思想、艺术技艺、公众艺术素养等方面还不同程度地存在着问题。这些问题要通过规范的公共艺术立法、严格的艺术史论教育及设立代表广泛的公共艺术委员会等方面，全方位地加以解决。公共艺术立法不仅事关城市空间的建设，还事关市民参与管理城市公共空间的权利。唯有通过立法的手段，公共艺术才能真正合法地走向公共空间，走进人们的日常生活之中，才能充分发挥自身的积极作用。

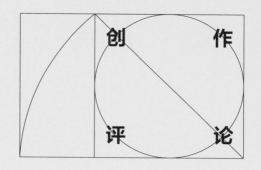

ARCHITECTURAL
REVIEW

建筑

艺   术

江山如画，一时多少豪杰

—— 中国实验建筑的兴起

王明贤　中央美院建筑学院客座教授

内容提要：文章介绍了中国实验建筑代表建筑师，提出中国实验建筑的一个研究重点：自然之道与自然建筑。可以从三个方面来理解：第一个是与古为新，第二个是重新进入自然，第三个是城市中的自然诗意。

关键词：实验建筑；王澍；自然；园林

纵观 40 多年中国城市建筑的发展历程，一方面中国城市发展实在太快了，另一方面它存在不少问题。中国建筑这 40 多年发展的历史其实是中国改革开放 40 多年的一个镜像。从 30 多年前的城市改造到今天后世俗社会炫异争奇的建筑，许多意想不到的事都已经出现。在中国，实验性建筑虽然处于边缘状态，但是新一代建筑师设计的建筑已经显示出超越的可能性。中国当代城市建筑并不是西方现代建筑的翻版，也不是中国传统建筑文化的故史现编，它的复杂性和丰富性是需要研究的。中国大多数城市都是这样的，空间在历史与现实的叠加中变得复杂，各种各样的建筑思潮互相碰撞。比如说北京是古都，有许多古建筑；但是自 1949 年以来，革命的时代，出现了革命建筑；1978 年中国自改革开放以来，出现了所谓的现代、后现代建筑。这些建筑构成了北京城市的复杂性和丰富性，这是非常有意思的城市现象。

在全球化的进程中，中国城市的发展，特别是都市的建筑，出现了大量大杂烩的城市景观。中国目前的城市问题之一就是大量的老建筑被拆除，城市都被破坏了，又创造出一批毫无特点的新建筑。特别是大规模的高层建筑的集群化，更使城市失去了记忆，建筑失宜的现象日益严重。

在这种背景下，中国的建筑师也有他们的回应。中国实验建筑师的实验性作品以一种新的姿态出现，来探讨整个中国城市发展中面临的困境。他们关注的重点由单体建筑上升到城市的整体，力图解决城市发展的问题，并为未来的城市建设提供一个新的思路。

除了"国家队"——中国建筑设计研究院、北京建筑设计院、上海现代建筑设计集团、清华大学建筑设计院等，还有一些建筑事务所、建筑工作室，或者建筑师，他们都做出一些研究和实验。大家都很熟悉的建筑师如张永和、王澍、刘家琨、朱锫、董豫赣、柳亦春、李虎、马岩松等。

中国的实验建筑师第一个，也是最重要的代表人物为张永和。张永和1993年从美国回来，在北京成立了非常建筑工作室。张永和其实在国外也参加了很多国际竞赛，但都是虚拟的竞赛，所以实际上他并没有建成的作品。20世纪90年代，他在中国有了第一个建筑作品，那就是席殊书屋。该建筑位于建筑设计院大门的东边，原来是交通过道，后来和书店功能重叠在一起，其中的书架跟自行车拼贴成一个装置。席殊书屋虽然面积非常小，但是应该算中国第一个实验建筑，当时很多年轻建筑师都到那里参观。但是很可惜，这个建筑因为处在过道，很快就被拆掉了。张永和早期在国内做的也都是很小的项目，比如为潘石屹的长城脚下的公社做的建筑作品：二分宅。张永和是完全受西方建筑教育的设计师，但是他考虑到中国的建造问题，用中国的夯土墙来进行建造，这是批判主义的一种方式。张永和这20多年来做了很多作品，特别是他最近做的中国美院良渚校区，这应该是他最大规模的建筑，也是在中国很值得期待的实验建筑。

第二个代表人物是王澍。有的建筑师并不承认自己做的是实验建筑，但是王澍非常明确地说自己坚决要做实验建筑，比如中国美院象山校区。王澍跟一般的建筑师不同，有他自己的建筑理论体系。

他说不喜欢体系，但是实际上他说的是那种很空洞的体系，能够将其实践落地才是真本事。象山校区的设计呈现出中国建筑的可持续性，并融入了园林方法。

第三个代表人物是刘家琨。刘家琨早期其实做的也都是一些小建筑，比如鹿野苑石刻艺术博物馆，但是应该说它是中国实验建筑的经典代表。刘家琨借用地基创造出既现代又有东方意味的建筑。刘家琨在近 20 年来又做了很多新的作品，在威尼斯双年展上也有非常重要的作品展出。

第四个代表人物是朱锫。他最近的新作是景德镇御窑博物馆。从他的建筑中我们可以看到他对西方整个建构理论的研究和对中国传统建造的实践，以及对中国建造与自然关系的理解。朱锫的北京民生现代美术馆就在 798 艺术区边上，它最重要的是内部改造，形成了新的展览格局，既可以做活动，又可以使整个展览变得非常有仪式感。

20 世纪 80 年代，中国的实验艺术曾经非常火热，像诗歌、小说、美术、音乐等都出现了实验艺术。此时中国的建筑其实跟整个实验艺术还是有点距离的。当时中国的建筑设计还偏于保守，但实际上那时的西方的现代建筑理论等对中国有很大的影响。自 20 世纪 90 年代以来，中国才开始出现张永和、王澍、刘家琨、朱锫等建筑师及他们的实验建筑作品。1999 年，世界建筑师大会期间举办了我策展的"中国青年实验性建筑作品展"，这标志着中国实验建筑迈出了第一步。

中国的实验建筑在开始发展的时候是非常困难的，一方面条件不好，另一方面当时的社会并不接纳实验建筑。2002 年以后，实验建筑才逐渐开始形成了一种新的风潮，并慢慢影响了中国整个建筑界以至社会各界。现在虽然大家并不怎么提实验建筑，但实际上实验建筑已经在中国各个城市有了很多作品。我觉得中央美院建筑学院和中国美院建筑学院，应该是中国实验建筑的两个最重要的基地，他们的实验里面可能更有当代的成分。

现在，中国的很多城市邀请这些实验建筑师去做设计，比如景德镇市、深圳的前海自贸区和坪山区。国外大学院校的建筑学院，像建筑联盟学院，南加州、哈佛等建筑院校，以及国内的院校，都在这些地区设立了实验建筑基地。

中国的实验建筑实际上并不是非常疯狂，甚至并不是很先锋，但是它们在中国有特定性，因为我们要针对中国当代文化环境。中国的实验建筑有一个研究的重点，就是自然之道与自然建筑。如果以建筑与自然的关系为切入点，我们可以从三个方面来理解：第一个是与古为新，第二个是重新进入自然，第三个是城市中的自然诗意。与古为新是冯纪忠老先生当年提出来的，他设计的方塔园对中国的实验建筑影响非常大，王澍曾专门组织了他的学生去参观方塔园。中国有一批建筑师提出口号，想在中国郊区自然环境很好的地方实现他们的建筑梦。但是中国毕竟在经历一个城市化的过程，更重要的是如何在高密度的城市中寻找自然与诗意，所以现在更多建筑师考虑的是这个问题。

冯纪忠先生的方塔园是 20 世纪 70 年代末规划设计的，80 年代中期建成。原址上有很多古迹，比如宋代的方塔、明代的照壁、元代的石桥，还有几株古银杏树。将方塔园建成一个露天的博物馆，将这些古代遗物作为展品陈列，方塔园以基地地形为设计的出发点，因势利导、因地制宜。中国的建筑界老一辈有很多重要的大师，但是有几个并不是主流的，甚至是边缘的，其中就有冯纪忠先生。他们不热衷于名利，而是躲在一边做学问，他们的作品是中国非常难得的优秀作品，而且对中国后来新一代实验建筑师影响非常之大。

回顾中国的现代建筑史，我印象很深，在 20 世纪 80 年代初贝聿铭先生曾经说过一段话，让中国建筑师很受刺激。贝聿铭先生说："我体会中国建筑已处于死胡同，无方向可寻。中国建筑师正在进退两难，他们不知走哪条路。"但实际上回顾这 40 多年来中国建筑师的作品，会发现中国建筑好像并不是处于死胡同，中国建筑师还是有自己的创造的。这个创造就是刚刚说的自然之道，就是实验建筑师对自然的研究。王澍提出，在西方，建筑一直享有面对自然的独立地位；但在中国的文化传统里，建筑在山水自然中只是一种不可忽略的次要之物。换句话说，在中国文化里，自然远比建筑重要，人们不断地向自然学习，使人的生活回到某种非常接近自然的状态，一直是中国的人文理想，我称之为"自然之道"。对于朱锫来说，寻找文化根源与创造新经验，是他思考建筑时的两条重要线索：一方面可以让建筑植根于某种特定的环境、土壤；另外一方面，让建筑具有开放的体系，可以容纳更多新的可能。

中国建筑其实在寻找自己的方向，它可能对整个世界建筑史发展有所贡献。王澍对中国古代山水画呈现的那种人文思想、自然之道非常敬畏，所以我们可以看到他的建筑作品也出现了这样的创作倾向。但是在朱锫看来，虽然自然是非常重要的现象，但是他可能更强调的是建筑的当代性，以及具有一种开放的体系，以容纳新的可能。

王澍对中国园林的理解以及对自然的理解确实在中国建筑师中是出类拔萃的。西方建筑师虽然也强调建筑跟自然环境的融合，但那种融合跟中国建筑师的文化意味不一样。在王澍做的上海世博会宁波滕头馆里种有水稻等农作物，实际上也是为了体现建筑与自然的关系，但特别朴素，并不唯美。朱锫设计的景德镇御窑博物馆的思想是"会心处不必在远"，虽然在景德镇的城市里，但是实际上当代建筑还是有一种可能性，就是在高密度的城市中寻找自然之道。"会心处不必在远"是《世说新语》里面建文帝的一句话。在景德镇御窑博物馆中，我们可以看到，真正的会心，就在你的边上。在高黎贡手工造纸博物馆中，我们可以看到建筑与自然的关系，还呈现出东方的意蕴。李虎的沙丘美术馆在北戴河落成，我们可以从中看到建筑和自然的呼应，不是西方式的，而是有着东方的韵味。马岩松的山水城市在北京四合院做过一个展览，有山水城市的模型。还有他做的胡同泡泡，一方面保持老北京城的城市肌理，另一方面用一种新的东西来寄托，使城市更加有活力。在徐甜甜的石门廊桥等作品中，我们也可以看到建筑与自然的特殊呼应。

刚才说到关于自然之道和自然建筑，我觉得可以引申出来一个很重要的概念就是"园林方法"。中国的建筑界，包括老一辈，包括现在的"国家队"，对园林都非常重视，而实验建筑师对园林的理解可能有点不一样，他们不是从园林史的角度来研究，而是从建筑设计的角度来做。实验建筑师将东方自然的中式园林跟山水画的可望、可居、可游的自然观带入当代建筑设计中，不是对传统形式、空间、材料的简单转译，而是强调再造建筑虚实相生，内外相通的可游、可隐、可穿越的空间体验。

说到中国园林，我想提到中国古代的造园大师张南垣，他对中国的园林建筑有很大的影响。王澍对他做过研究，在朱锫的园林设计中也可以看到他的手法。张南垣以山水画法堆山叠石，所创作之园林似宋元山水名画。中国无锡的寄畅园是张南垣的代表作品，也是中国杰出的园林。朱锫的设计很注重园林的利用，他参加威尼斯双年展的作品就沿用了园林方法，如杨丽萍表演艺术中心。董豫赣也对园林非常痴迷。在红砖美术馆中，哪怕是建筑的局部都用上了园林手法，可以看到空间和园林的关系。他前些年设计了小岞美术馆，同样运用了很多园林手法。这种运用已经达到了得心应手的程度，很有园林的味道，但又不像古代造园一样把一堆石头堆在那里。小岞美术馆的咖啡屋很现代，可原来就是一个锅炉房，体现了中国园林内在的意义。

自 21 世纪以来，全球在经济高速发展的同时出现了一系列的问题，全人类遇到了空前的环境危机与挑战。面对大规模城市化进程所带来的问题，国内外建筑师通过自己的实践研究提出了各种解决方案。在看待人、建筑与自然的关系上，不同的文化背景导致不同的认知结果，并将产生不同的城市建筑形态。在中国，一批中青年建筑师面对城市化所带来的问题，以一种积极的姿态介入，他们的实践直面当下的生存境地，注重探讨"大都市的自然与诗意"。他们的作品从三种角度来呈现建筑师艺术家的观察、思考，揭示了当代建筑的一种可能性。当然，这可能需要"国家队"建筑设计院和实验建筑师事务所共同完成。他们对中国传统自然观的当代再现，揭示了人与自然同源的营造法，也是关于未来城市的探讨。"自然之城"并不是一个外在的世界，我们要建造一种中国式的"诗意栖居"，寻找当代园林方法，也可以为世界建筑提供一种价值和理念。

ACADEMIC
HISTORY

建筑

艺   术

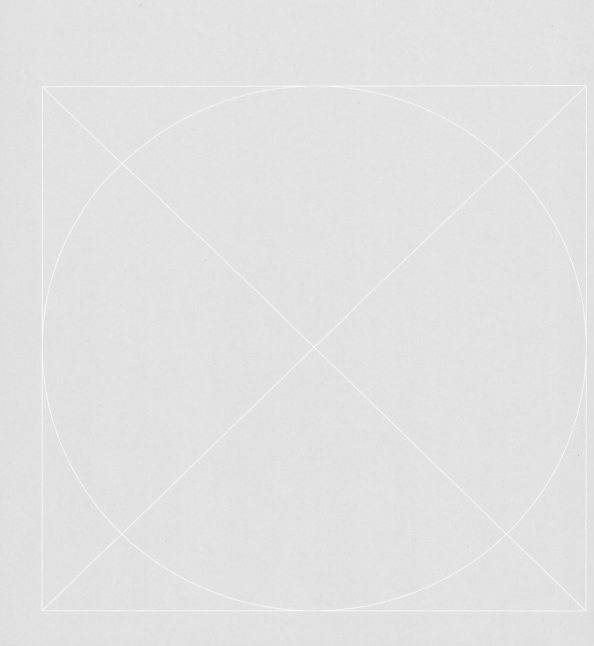

关于《敦煌建筑研究》 *

萧　默　曾任中国艺术研究院建筑艺术研究所所长

1

从来到敦煌到告别的 15 年间，对于敦煌建筑的研究，我一直在进行着。

上洞子是我最喜欢的一件事，一次就有一次的收获，我已上了无数次洞子，包括当讲解员。有那么几段时间，在我负责记录石窟温湿度时，趁仪器还在旋转的当儿，也是我寻寻觅觅的时候。"文革"后期，我借调到省文化局，其间有几次胃出血，两次在兰州住院，出院后都有一个月病休时间，可以利用这段集中的时间回到敦煌钻洞子。此外，就得抓紧零零星星的机会了。那时我们连相机都没有，一架望远镜，一个小凳子，一个手电筒，还有就是卡片和铅笔，就是全部的装备了。有时还要带上蜡烛。壁画的细部，因为变色或剥落，或有重绘，往往光线越亮越看不清楚，要点上蜡烛，等烛烟过去了（不能熏坏壁画），才能进去。蜡油当然更是不能滴在画上，蜡烛是立在碗中的。这时，还得扛一架铝制折叠梯。敦煌石窟包括莫高窟和榆林窟、西千佛洞，一共五百几十座洞窟，每个角落尺尺寸寸都观察到了，这样的通盘巡礼总有三四次吧，其中重要的洞窟更不知凡几。大部分对我有用的资料卡片，就是这样画出来的。研究所有一个很好的资料室，文献的查阅非常方便，史苇湘先生和同样注目于建筑的孙儒僩先生就是最近的老师。在麦积山的几年，时间更多，有一个相当自由的读书和思考的环境，全部读完了手头搜集到的大

＊　本文选编自萧默著《一叶一菩提——我在敦煌十五年》，2010 年由新星出版社出版，2011 年由香港天地图书公司再版，选编者赵玉春。

部分《中国营造学社汇刊》，还有《营造法式》。

所以，说起来是 15 年，其实除去搞运动、参加莫高窟加固工程和多次借调在外，在敦煌，真正用以专业研究的最多只有两年多。说来惭愧，只写出了两篇文章，只有 1978 年重回母校以后，才算是全力投入了课题。在硕士导师莫宗江教授、博士导师汪坦教授的亲切指导下，又多次重返敦煌。1981 年以其中三篇获硕士学位，其他十几篇也已成型，1982 年花了一年绘制图纸准备图片和补充材料，在那年 12 月 30 日下午三点钟交稿，遵守了与出版社年内一定交稿的前诺。出版以后，以此书获清华大学博士学位，并获文化部首届全国优秀成果奖，2003 年再版，做了不少修改。2007 年，中、韩两国出版社达成版权协议，在韩国出版，由韩国建筑历史学会会长李相海博士据再版本翻译。日本国立文化财研究所所长田中淡博士也已将此书译成日文，准备在日本出版。现在，第三版也已修订完毕。

《敦煌建筑研究》是一部专门研究敦煌壁画中的建筑资料和莫高窟现存几座唐宋窟檐以及敦煌全境所存古代建筑实例的著作。敦煌艺术首先与敦煌在古代交通史上的特殊重要地位有关；其次，敦煌的居民和文化一直是以汉族为主体的；最后，敦煌虽地处边陲，人口不多，却在历史上、文化上与中原息息相关，敦煌艺术也具有不可忽视的全国性意义。

源于古代印度的佛教石窟艺术，从南亚、中亚，首先传到新疆，经过敦煌，流行于内地。为了祈求旅途的平安，寄托对来世幸福的向往，或者为了长保现世荣华，消灾弭祸，人们曾经以极大的宗教热情与虔诚，创造了辉煌的敦煌艺术。

壁画画家从人世间撷取了丰富的可视形象，表现了广阔的现实生活场景及各种人物和事物，诸如建筑、舟车、乐舞、服饰、工具、自然风光、动物植物，在敦煌艺术中都有大量的再现。敦煌艺术不仅以其高度的艺术价值，也以其高度的历史价值成为艺术史和古代政治、经济、文化、军事、民族关系、中外交通和科技史的重要资料宝库，敦煌建筑研究也是其重要的组成部分。

中国建筑现存实例远远晚于西方，在魏晋南北朝到中唐以前500多年的时间段资料更加缺乏，而这一段正是中国建筑艺术趋向繁荣发展的高峰，敦煌建筑资料的精华所在恰恰是这一时期。中唐以后400年的资料，当然也增加了我们的认识。

壁画中的建筑包括如佛寺、城垣等古代几种最主要的类型，尤为可贵的是，许多都是以组群形式出现的，而组群布局，正是中国建筑的重要特征。壁画为建筑细部、建筑色彩、建筑施工、建筑绘画等提供了丰富的资料。敦煌地区保存的一些建筑实物和遗址如窟室本身、窟檐、城址、几座佛塔，同样具有研究价值。

建筑是产生它的那个历史阶段社会政治和经济、文化的反映。所以，敦煌建筑研究就不能仅限于资料的罗列，应力图变描述性史学为阐释性史学，给读者以更多启发。

2

梁思成先生是敦煌学最早的一批学者之一，也是敦煌建筑研究的开拓者。

1955年，我进入清华大学建筑系。在校六年，梁先生给我们讲的课并不多，我只听到他几堂讲座。1957年暑假，梁先生要我读一读他写的《我们所知道的唐代佛寺与宫殿》和《敦煌壁画中所见的中国古代建筑》。前文写于1932年梁先生刚到中国营造学社出任法式部主任时，谈的几乎全是敦煌建筑，是梁先生在新中国成立前发表的第一篇论文，也是敦煌建筑研究的开山之作。写于1951年的《敦煌壁画中所见的中国古代建筑》则是先生在新中国成立后的第一篇论文。仅从这里就可以想见他对敦煌建筑的重视。

在第一篇文章中，梁先生系统介绍和论述了敦煌唐代建筑资料，最后认为"唐代艺术在中国艺术史上是黄金时代"。由于条件的限制，梁先生的第一篇文章只能依靠法国人伯希和拍摄的《敦煌石窟图录》进行研究。在图录中他意外地发现还有木构窟檐，虽然只露出了一个不完整的转角铺作，而且很不清晰，但凭借丰富的经验，梁先生敏锐地看出"无一不表示唐代的特点"。1932 年 3 月，他给伯希和去了一封信，得到了有关窟檐的题记抄文，确定建于北宋初年，是当时国内发现的最早的木构建筑实物。梁先生正确地认为，敦煌地处边陲，虽已至宋初，仍会遵循唐风，窟檐仍"可以无疑地定为唐式"。47 年以后，1979 年，在梁先生这个论断的指导下，我对五座窟檐进行了测绘和研究，从大量数据比例的定量对照中，证明了梁先生的论定，有些做法甚至比中唐的南禅寺大殿还要古老。

1951 年，梁先生的《敦煌壁画中所见的中国古代建筑》再次肯定了敦煌建筑资料的价值。1982 年出版《梁思成文集》，这篇文章收入为文集首篇。出版前经傅熹年先生校注，其时我正返回敦煌补充资料，收到傅先生的信，要我也提出一些意见。我提了几点，如壁画上的城墙是在土红墙面上绘黑横线，应该是夯土墙，但《敦煌石窟图录》是黑白印刷，极易被人误认为是砖墙；插图"修建图"是根据展览时的图名标注的，但对照佛经《弥勒下生经》，应改称为"拆屋图"等。

梁先生曾多次向常先生表示要到敦煌瞻礼敦煌艺术的全貌，一直到梁先生去世，终生都未能实现去敦煌的夙愿。但梁先生知道，要深入研究敦煌建筑，不在现场进行长期的工作是不可能的。他自己虽然没有可能去，却为我创造了这个难得的机会。

自从 1961 年毕业离校，我就再也没有见到过梁先生。在敦煌，每当寒冬静夜，瑞雪拥门，或是夏日清晨，绿树荫中，寂静独处的时光，我就会想起梁先生的期望。但在"文革"中，我也和其他献身戈壁的敦煌工作者一样，耽误了许多时光。

1998 年，《人民政协报》要我对梁先生的《中国建筑史》写一篇书评，我何敢妄加评论，乃撰成《重读梁思成先生〈中国建筑史〉

感怀》，内有："梁先生对于中国建筑史一些更深层次的思考，至今读来仍不失其现实意义，是我们尤其应当珍视的宝贵遗产。例如关于建筑与文化的关系，梁先生就早有精辟论断，他说：'建筑之规模、形体、工程、艺术之嬗递演变，乃其民族特殊文化兴衰潮汐之映影……今日之治古史者，常赖其建筑之遗迹或记载以测其文化，其故因此。盖建筑活动与民族文化之动向实相牵连，互为因果者也。'他还说：'中国建筑之个性乃即我民族之性格，即我艺术及思想特殊之一部，非但在其结构本身之材质方法而已。'一个建筑体系之形成，不但有其物质技术上的原因，也'有缘于环境思想之趋向'。梁先生提醒说，要能够把建筑与产生它的文化土壤结合起来，方可'对中国建筑能有正确之观点，不作偏激之毁誉。'这些议论，对于至今仍把建筑仅视为一种物质产品，忽视其精神文化价值的观点，无疑仍具有振聋发聩的作用。"

"梁先生对建筑的艺术层面也给予了很大重视。早在1932年，梁思成、林徽因在《平郊建筑杂录》中，相应于其他艺术作品中蕴含的'诗意'或'画意'，创造性地提出了'建筑意'的用语。他们说：存在于建筑艺术作品中的'这些美的存在，在建筑审美者的眼里，都能引起特异的感觉，在"诗意"和"画意"之外，还使他感到一种"建筑意"的愉快'。'建筑意'词语的提出，显然具有重要的意义。它提醒人们，建筑并不是砖瓦灰石等物无情无绪的堆砌，同时也是一种艺术产品，其中自蕴有深意。但'建筑艺术'学科长期以来并未能正位于学术之林，所以梁先生在《中国建筑史》中也不得不慨叹说：'中国诗画的意境，与建筑艺术显有密切之关系；但此艺术之旨趣，固未尝如规制部署等之为史家所重也。'时至今日，'建筑艺术'的概念已逐渐植入人心，梁先生实有首倡之功。"2003年，我创办了《建筑意》辑刊，出了6期。

"中国建筑艺术尤重群体构图，是情绪氛围创造的重要手段。梁先生比较中西建筑，敏感地抓住了中国建筑这一重大艺术特征，认为'与欧洲建筑所予人印象，独立于空旷之周围中者大异。中国建筑之完整印象，必须并与其院落观之'。"

"梁先生对中国建筑艺术的分期也作了开拓性探索，认为两汉为发育时期；'唐为中国艺术之全盛及成熟时期'，'唐之建筑风格，既以倔强粗壮胜，其手法又以柔和精美见长，诚蔚为大观'；五代赵宋以后开始华丽细致，'至宋中叶乃趋纤靡文弱之势'。这些论断，在我近年主持的国家重点项目《中国建筑艺术史》（2000 年获中国图书奖和文化部一等奖）研究工作中，仍具有深刻的指导意义……先生早在 50 多年前难能可贵提出的这些思想，直到今天，仍然不失灿然的光彩。"

《敦煌建筑研究》的写作，除了完成梁先生生前的期望外，也得到叶圣陶老先生的直接鞭策。1976 年夏天，我因为麦积山石窟维修加固工程的事到北京出差，遇到老同学陆费竞，问我愿不愿见见叶老先生。他曾向叶老提起过我，叶老说如果我到北京来，他很想见见。我们一起到了叶老家里，那是东四十条的一所典型的北京四合院，叶老住在上房西边"纱帽翅"的套间。已经 80 多岁了，耳朵听不太清，对他老说话必须声音很大才行，眼睛也不太好，要靠放大镜才能读书写字。但高大的身躯，虽清癯而非常有神，光着头，唇上有一抹浓密的白髭，更显出一番不凡的气度。叶老详细询问了我在敦煌的情况，得知境况并不太好，虽收集了不少资料，却不敢动笔大胆去写，生怕又作为"封、资、修"的典型拿出来批判，但又为不能完成梁先生交付的任务而深感愧疚。叶老沉吟许久，好像有许多话要说，却只是低沉地说了一句："学问，总还是要做的！"

1978 年重回母校，1980 年，《敦煌建筑研究》初稿基本告成，仍然十分杂乱，书名也没有想好。老陆知道了，又给我寄来叶老写的署着"叶圣陶题"的"敦煌建筑研究"几个字，是他老替我定的书名，仍然是规规矩矩的漂亮楷书。

莫宗江先生是我的硕士导师，身体不是太好，比较清瘦，但讲起话来抑扬顿挫，鲜明有力。莫先生在中国营造学社工作过十几年，资历很高，20 世纪 50 年代，就是清华建筑系最早的为数不多的教授之一，此时除带研究生外，已不大讲课。莫先生对我的论文初稿看得很仔细，以他丰富的知识，为论文增加了一些材料。比如文中就北朝石窟十分普遍的中心塔柱式窟，我大胆设想是当时盛行的中心塔式佛寺在石窟里的反映。莫先生很同意这个看法，提醒我注意云冈石窟第六窟（北魏）的窟形，比敦煌窟形有更加明确的表现，要我补充进去。莫先生比较注重微观，在莫先生那里，我更体会到了一种严谨的治学态度。

我自己的计划是撰写一本全面论述敦煌建筑的书，有 14 篇文章，先以其中的三篇作为硕士论文。硕士毕业后，莫先生鼓励我把其他论文全部写出来。实际上在硕士研究生阶段我就已经开始做了，完成了其他各篇的框架。但因为我硕士毕业后想着能快一点解决家庭分居问题，没有继续跟着莫先生续读博士学位。

20 世纪 80 年代某年，我已在中国艺术研究院工作，两地分居问题已经解决，为参加王朝闻老先生主编的 12 卷本《中国美术史》的撰写出差调研，行前告诉家里，有我的信都转到广州和成都，我路过时去取。在广州收到了母校建筑学院研究生科王炳麟先生来信，嘱我尽快到学校去一次。我回了信，说正在出差，还要到西南各省和西藏去，一个多月后才能回京。返京后去到学校，王先生叫我先去汪坦先生家。我到了，汪先生一见我便海阔天空地聊了起来，间或也问问我的看法，一个小时过去了，却不说他叫我来有什么事，我也不问。告辞时汪先生送我到门口，才说："你再回学院，给我带个话给王炳麟，两个字，就说'同意'就行了。"也没说同意什么。我把话带到，炳麟先生叫我马上填表，原来是清华首次招收在职博士研究生，将近八十高龄的汪先生想收下我这个徒弟。我当然非常愿意。

在与汪先生相处的时间里，给我的最深感受是先生那豁达宽阔似乎永远年轻的精神。汪先生师从过现代主义世界四位大师之一的美国最著名的建筑师赖特，视野广阔。他对研究生的教育，好像是美国式的，从来都不是一板一眼就事论事，而是看来似乎都是些纵横捭阖无关课题本身的漫谈和对话。有时先生讲的话还颇有点深奥，一下子不见得就能够理解，先生也不管，只是自顾自地讲下去，引经据典，逐渐给学生展现出一片广阔的天地。先生追求的是一种潜移默化的、心心相印的超然物表的境界，很有点洙泗杏坛或柏拉图学园的遗风。我记得先生向我推荐当时刚出版的英国史学理论家巴勒克拉夫《当代史学主要趋势》的情景，他要我仔细读读，好好想想，眼光中充满期望。这本书总结了西方史学新潮流自20世纪中叶开始的发展过程，对比了新潮流与传统史学的不同，主张史学研究在继承传统史学研究方法的同时，更应该从线性的、过于重视"事件"的、只关注连续事件的逻辑关系的传统史学中脱颖出来，进入更多重视"事态"以及事件、事态都处于其中的"结构"及其演化过程，并更多关注理论的新史学。显然，新史学开拓了一个立体的多元思维构架的新境界，是史学的重大发展。我在用心阅读了这本书以后，确实收获很大，把自己以前朦胧感到的一些思路系统化逻辑化了。我写了一篇读书笔记《当代史学潮流与中国建筑史学》，发表了。先生很高兴，说："我不见得会同意你的每一句话，但你能用心读书，而且有收获，就是好的。"从汪先生那里得到的收获，在我以后主编国家重点《中国建筑艺术史》和写作4卷本《世界建筑艺术史》时，起到了重大的指导作用。

吴良镛先生与我有50年的师生之谊，从我18岁进入清华不久，就得到了吴先生的关怀和鼓励。那年我从蓟县考察独乐寺回来，写了一点心得，担心再麻烦梁先生，就拿给吴先生看。吴先生看了，把我那篇很幼稚的东西又转给赵正之、莫宗江和楼庆西先生，还写了一张条子，说感觉这个学生还是用了心的，请三位先生多给予具体指导。

在写作《敦煌建筑研究》时有几次我返回敦煌，吴先生两次来信叮咛不要忽略某些重要迹象。有一次从敦煌返校，刚进校门遇见吴先生，见到我，问我的书包里装着什么，我说是这次回敦煌新写成的敦煌建筑研究的几篇草稿和笔记，他迫不及待地把这几本初稿要去，连说"先睹为快"！我获得硕士学位后，他刚从德国讲学回来，叫人找我去谈谈，问："你为什么不读博？系里的新人不了解你，怎么不通知你续博。"我说系里给我谈过，是我自己要求不续博的。吴先生连说不该不该，说无论如何，你一定要把这本书写完，还是应该读博。吴先生的大儿子吴晓后来告诉我说："你走了以后，当天下午，吴先生为你续博的事，给系里和学校打了好几个电话，可是因为时间已经过了，教育部已最后确定了名单，没有办法。"记得吴先生以后还对我说过，学校大概有点保守，这次全国硕士研究生有十几位是直接授予博士学位的，清华、北大都没提名，都是科技大学的。

几年后，没想到，吴先生还记着我读博的事，在清华首次招收在职博士研究生时，与汪先生商量，还是给了我一个深造的机会。以后，还为我主编的国家重点研究项目《中国建筑艺术史》撰写序言。这点点滴滴的师生情谊，令我永世不忘。

在《敦煌建筑研究》的写作中，还得到了陈明达、罗哲文、宿白、傅熹年、楼庆西、徐伯安等先生的许多宝贵指教。他们的意见，都尽我力之所能，体现在二版和待出的三版中了。当然，敦煌的学者们对我的帮助，也是永远不能忘记的。

2000 年的一天，忽然接到一封英文信，是韩国成均馆大学李相海教授寄来的，说读了《敦煌建筑研究》，觉得对于东亚建筑史也很有意义，希望我能同意由他将此书译成韩文，语气十分客气。我同意了。次年，他带着七八位韩国建筑历史学家来到北京，准备到敦煌去，邀我同往。我们在甘肃参观了莫高窟、榆林窟、麦积山石窟和炳灵寺石窟，过得非常愉快。2002 年李先生已担任韩国建筑历史学会会长，主持在首尔召开的国际东亚建筑史学会年会，邀请我去，我受到了费用全免的待遇。同年《敦煌建筑研究》再版后，我给李先生寄去了再版本，他又据新本对译本做了补删。

日本田中淡先生也完成了日文翻译，但可能世界各国的情况都差不多，学术书的出版都比较难，田中淡先生来信说对出版单位做了一些努力，说是差不多了。

从头到尾，从获得机会到著作完成，《敦煌建筑研究》的工作断断续续地伴随了我30多年，最主要的15年就是在敦煌度过的。在这15年里，我也从一个不太懂事的青年成了中年，现在更成了老年。存在脑子里的记忆特别多，除了有关学术的以外，我更看重的是对于人生与人心、人性与社会的体认。

萧默先生与建筑艺术研究

张 欣 中国艺术研究院建筑与公共艺术研究所副研究员

内容提要：本文根据萧默先生的文章、著作和访谈，记述了其生平、建筑艺术史研究的脉络和成就、有关建筑艺术的观念及对当代建筑创作实践的评论，并汇总了其主要学术和规划设计成果。

关键词：萧默；建筑艺术；敦煌；新现代主义

　　萧默（1938 — 2013）是中国艺术研究院建筑艺术研究室的创始人和建筑艺术研究所的首任所长，在建筑艺术史研究、建筑评论等领域成果丰硕，对建筑艺术学科发展贡献卓著。

1　生平简述

　　萧默，原名萧功汉，1938 年 7 月生于湖南衡阳。祖父萧企云是湖南著名的地方乡绅和藏书家，曾任衡阳市图书馆馆长。父亲萧健是黄埔军校第六期学员，授少将军衔，1949 年随 30 军投诚，参加了志愿军赴朝鲜作战。萧家三个儿子分别生于北平、武汉、西安，家谱中排功字辈，所以取名萧功平、萧功汉、萧功秦。萧默之弟萧功秦是著名历史、政治学者。战乱年代，萧默随家颠沛流离，辗转多地求学。①

　　1955 年，萧默考入清华大学建筑系学习，学制 6 年。1961 年毕业后被分配到新疆伊犁自治州计委建筑设计室工作。因"功汉"似有大汉族主义之嫌，并提醒自己少说多做，改名为"萧默"。后设

---

① 参见文爱平《萧默：学者本色，性情中人》，《北京规划建设》2012 年第 5 期。

计室撤销，萧默被安排到伊宁四中任教。1963 年年底，在梁思成先生的帮助下调到敦煌文物研究所（敦煌研究院前身）工作，最初被分配在保管部工作。1966 年以前，他主要负责正在执行的洞窟崖面加固工程的部分设计与施工配合，梁思成先生曾对加固工程的形象提出过"有若无，实若虚，修旧如旧，大智若愚"的原则，萧默努力按照这个原则来实践。第三期加固工作完成后，萧默分至研究部考古组。"文革"期间，萧默被其他单位借调，参加过嘉峪关关城、罗城及麦积山石窟、庆阳北石窟等加固工程的设计与施工。1976 年又被借调到中国科学院自然科学史研究所从事《中国古代建筑技术史》的撰写工作。[①] 1978 年重回清华大学攻读研究生。

1981 年，中国艺术研究院美术研究所王朝闻所长主编的 12 卷本《中国美术史》需要研究建筑艺术史的专家，经谭树桐先生推荐，萧默从清华大学硕士毕业调入中国艺术研究院美术研究所工作。在他的建议下，1988 年创建了中国艺术研究院直属的建筑艺术研究室，这是当时全国唯一的建筑艺术专门研究机构。对于中国艺术研究院应否设立建筑艺术研究室、建筑是否属于艺术范畴的争议，萧默先生在退休之前给院领导写了长信阐述建筑艺术研究的必要性，建筑艺术研究室不但没有解散，1998 年还升级为建筑艺术研究所。[②] 2000 年退休后，萧默继续从事建筑艺术研究，担任中国艺术研究院研究生院博士生导师。先生长期抱病，仍坚持学术研究不辍，2013 年病逝于北京。

2 建筑艺术史研究

萧默的学术研究融汇了建筑史和艺术史，其成就首推敦煌建筑

---

① 参见赵玉春《回忆萧默先生》，《传记文学》2021 年第 11 期。
② 参见赵玉春《回忆萧默先生》，《传记文学》2021 年第 11 期。

图像研究。敦煌石窟壁画包含大量建筑形象，描绘了数百座城垣、300 余幅大型院落群体和万数以上的单体建筑，涉及众多类型和构件，仅斗栱就有上万之数，以"界画"方式彩绘。对于十六国晚期至元代（5—13 世纪）的建筑史，尤其是填补魏晋南北朝至中唐以前 500 余年的建筑史料匮乏，具有重大价值。

萧默对敦煌建筑的研究受到梁思成先生的影响。1951 年，北京举办敦煌壁画展览，梁思成先生撰写了论文《敦煌壁画中所见的中国古代建筑》，指出"建筑的类型、布局、结构、雕饰、彩画方面，都可由敦煌石窟取得无限量的珍贵资料"。另一篇《我们所知道的唐代佛寺与宫殿》也涉及敦煌建筑。萧默在清华大学大二时便读过这两篇文章。

在敦煌 15 年，虽受政治运动和借调影响，用于专业研究的时间有限，但萧默得以反复观摩 500 多座洞窟约 5 万平方米的壁画，对 5 座晚唐、宋初的窟檐和 2 座宋塔实物做了测绘，完成了《敦煌莫高窟北朝壁画中的建筑》《敦煌莫高窟宋代第 53 窟窟前宋代建筑复原》两篇论文的初稿。1978 年携带全部资料重返清华大学后，在导师莫宗江教授的指导下，正式开始敦煌建筑的研究和写作，1981 年完成了硕士学位论文《莫高窟的洞窟形制》《莫高窟壁画中的佛寺》和《莫高窟的唐宋窟檐》共 3 篇。1987 年师从汪坦教授攻读在职博士学位，完成了 14 篇论文的写作和修订。

1989 年萧默的博士学位论文《敦煌建筑研究》由文物出版社出版，是综合利用图像材料、文献和实物研究建筑史的代表作。《敦煌建筑研究》分为引论和 13 个专题，摹绘了 200 余幅墨线插图，辨析了壁画建筑形象的真实性。萧默既肯定画面是建筑实存的写照，也注意到宗教意象和想象的成分，以及出于绘画和装饰效果做出的调整，建筑形象传达的信息会有失真情况，他对此做了细致甄别。①

---

① 参见侯幼彬《中国建筑史学的硕果——读萧默的〈敦煌建筑研究〉》，《建筑学报》1991 年第 12 期。

他征引了 300 余种文献，通过敦煌图像、各类文献和建筑遗存的互相印证，阐述了阙史、塔史、住宅史、建筑部件与装饰史、施工史、建筑画史、石窟开凿史、佛寺史等建筑史问题。[①] 在研究方法上，融汇了微观（建筑考古学）、中观和宏观（建筑文化学）三个层次，注重考察建筑与社会整体文化的关系。1999 年该书获得文化部首届全国优秀成果奖，已由日本东京大学田中淡博士译为日文在日本出版，由韩国建筑历史学会会长李相海博士译为韩文在韩国出版。

此后萧默先生主编了 120 万字的《中国建筑艺术史》，同时担任主要撰稿人（撰写 80 万字）。该书 1999 年由文物出版社出版，并在台湾再版。全书汇集了大量建筑考古和文献资料，近 400 幅彩图和 1700 多幅插图，是国内第一部以艺术史为主线研究中国传统建筑的专著，被列入"哲学社会科学'八五'国家重点项目"，2000 年获得第 12 届"中国图书奖"。《中国建筑艺术史》前三编为萌芽与成长、成熟与高峰、充实与总结，各编再依时代顺序，以朝代为章，每章按建筑类别设城市、宫殿、祭祀建筑、陵墓、宗教建筑、园林、民居、建筑装饰、建筑结构等节。少数民族建筑因文化背景不同，发展也非同步，单设第四编。第五编论述建筑哲理、外部空间、形体构图、建筑文化等专题。对中国与邻国的建筑交流辟有相应章节介绍。在写作上强调由描述式史学变为阐释式史学，不仅关注建筑层面，也结合对象所处社会历史背景交代其来龙去脉。[②] 2007 年萧默独立完成 4 卷本《世界建筑艺术史》，从宏观文化和大历史的视野对古今中外建筑进行阐释解读。

1932 年梁思成、林徽因在《平郊建筑杂录》中，相应于其他艺术作品中蕴含的"诗意"或"画意"，创造性地提出了"建筑意"。这里的"意"在中国传统美学中有"意象"和"意境"的含义，也

---

① 参见萧默《〈敦煌建筑研究〉缘起及其撮要》，《古建园林技术》1991 年第 2 期。
② 参见宋启林《中国建筑史学研究的钜著——评〈中国建筑艺术史〉》，《重庆建筑大学学报（社会科学版）》2000 年第 3 期。

指建筑带给人的感受。萧默先生不辞辛苦，2003 年创办了《建筑意》论文辑刊，至 2006 年共出版了 6 期。萧默先生去世后，2014 年出版的《建筑的意境》是其关于建筑艺术欣赏和中西建筑史的随笔集，他把中西建筑置于思想文化的背景下解读，比较了中西方建筑大相径庭的审美意趣，揭示出思想文化上的差异。

3 建筑艺术的重要性

20 世纪 80 年代，因为身处中国艺术研究院美术研究所，萧默要辨析建筑艺术和美术的关系。西方艺术史学科体系包含建筑艺术史，而中国美术史写作传统中缺乏建筑艺术的位置。萧默分析了对建筑从形体、空间到文化的认知层次，认为建筑的特点是与生活关系密切、有巨大的艺术表现能量、与心灵直接相通、与文化整体同构对应，因而会被称为"巅峰性的艺术成就"，才有资格作为"每个文明独特的象征"，因而应在美术史中占有重要地位。[①]

萧默从个别和一般的角度，认为建筑具有意味、情感等精神领域属性，这是所有艺术的共性，或谓一般性；建筑艺术也具有不同于其他门类艺术的个性，或谓特殊性。他指出建筑内容兼有精神和物质的双重性，决定了建筑形式。建筑要依靠物质材料实现，且多数建筑具有实用目的，这是建筑与其他门类艺术最本质的差异，其精神属性主要和最高的表现正是建筑的艺术性。在一定程度上与物质性结合的、超越物质性的对美的追求，在建筑中的存在，就是人自身精神状态的物化，这是含义最广泛的"建筑艺术"。[②]

萧默还将建筑艺术划分了层级，所有类型、所有层级的建筑物都应具有（广义的）艺术性，大部分类似实用艺术，达到形式与其

---

① 参见萧默《建筑艺术在中国美术史中的地位》，《美术》1987 年第 5 期。
② 参见萧默《"白马非马"及其他——"建筑艺术"的概念及其属性》，《华中建筑》1993 年第 2 期。

物质目的性的和谐，具体说就是功能美、材料美、结构美和施工工艺的美。而处于高层级的建筑，其艺术性已进入了狭义的范畴。甚至在必要时，会为了精神性的美感，违反某些物质性的"合理"规定。

萧默强调，建筑艺术具有深刻的文化价值，丰富的建筑艺术语言——面、体形、体量、群体、空间、环境，使建筑拥有巨大的艺术表现力，决定了建筑体现文化的可能性，世界上诸多建筑体系莫不是各文化体系的外化。应将建筑历史现象放到当时当地宏观的历史文化背景中去考察。[1]

4 当代建筑评论

萧默先生不仅研究建筑史，也关注当代建筑创作实践，提倡建筑评论。基于其对建筑艺术的理解，他认为高层级的建筑应体现时代性、民族性、地域性的艺术和文化等要求，并以之作为创作的追求和品评的标尺，克服所谓现代"国际建筑"忽视各国各民族文化传统的倾向，在创新的同时提倡对优秀传统的继承，回归建筑本体，反对片面强调艺术性和以自我表现为目的的建筑创作。他主张多元建筑论，立足现代中国的多元生活，多元吸收和创造，多向量满足生活对建筑提出的物质和精神要求。坚持创造具有时代特色和中国气派的新建筑文化是我们唯一正确的道路。[2]

萧默将 20 世纪 80 年代至 90 年代末的建筑设计实践划分为古风主义、新古典主义、新乡土主义、新民族主义和本土现代主义。[3]他认为建筑设计应尊重民族特点，坚持民族形式，而民族形式是不断发展创新的，应避免复古主义。继承传统与创新并不矛盾，应注

---

[1] 参见萧默《我的建筑艺术观》，《美术观察》2005 年第 5 期。
[2] 参见萧默《中国当代多元建筑论的崛起》，《文艺研究》1996 年第 3 期。
[3] 参见萧默《50 年之路——当代中国建筑艺术回眸》，《世界建筑》1999 年第 9 期。

重对传统形式内在特征的理解。① 萧默主张"新现代主义"道路，汲取西方经典"现代主义"的理性和"后现代主义"对艺术和乡土的复归，反对片面追求新、奇、特、怪、洋的先锋派观念和消费主义，反对高造价和高能耗。②

萧默撰写了大量建筑评论文章，既有对优秀实践的褒扬，也有对争议作品的批判。他对国家大剧院的质疑和辩论长达 4 年，发表了多篇宏论，从城市规划、方案产生和评定的合理性、建筑艺术、形式与功能、中国风格和传统、造价和清洁维护等角度批评国家大剧院的设计和遴选③，体现了一个知识分子的社会责任感，还编选出版了文集《世纪之蛋：国家大剧院之辩》。他同样批评央视新楼、鸟巢体育场等建筑的不合理，在 ABBS 建筑论坛和天涯网"萧默的博客"上发文抨击库氏方案。④

5　萧默其他成果汇要

萧默的专著有《世界建筑》《中国建筑史》《隋唐建筑艺术》《建筑谈艺录》《世界建筑艺术》《巨丽平和帝王居：古代宫殿与都城建筑》《萧默建筑艺术论集》《巍巍帝都：北京历代建筑》《营造之道：古代建筑》《中华文明探微·凝固的神韵：中国建筑》等。其中《中国建筑》（《布达拉宫》一文被收入中国香港高中语文课本）以中、英两种文字出版，被文化部定为中国驻外使馆对外文化交流图书；《文化纪念碑的风采——建筑艺术的历史与审美》（被列为高校美育教材），2002 年获教育部高校优秀教材一等奖，又以《建

① 参见萧默《不薄古人爱今人——为建筑的民族形式一辩》，《文艺研究》1982 年第 3 期。
② 参见萧默《"新现代主义"建筑之路》，《中国工程科学》2007 年第 4 期。
③ 参见萧默《依法治国——四评安氏国家大剧院方案》，《城市规划》2001 年第 5 期；萧默《不足为训——五评安氏国家大剧院方案》，《南方建筑》2001 年第 4 期。
④ 参见文爱平《萧默：学者本色，性情中人》，《北京规划建设》2012 年第 5 期。

筑艺术欣赏》为名在台湾再版；《世界建筑艺术史》丛书包含《文明起源的纪念碑：古代埃及、两河、泛印度与美洲建筑》《东方之光：古代中国与东亚建筑》《华彩乐章：古代西方与伊斯兰建筑》《伟大的建筑革命：西方近代、现代与当代建筑》；曾应印度外交部文化交流委员会之邀赴印度进行学术考察，考察成果汇集成《天竺建筑行纪》；晚年撰写了回忆录《一叶一菩提》，记叙了敦煌的风土人情、个人经历。

萧默曾参撰王伯敏主编《中国美术通史》（1987 年获中国图书奖），李希凡主编《中华文化集萃丛书·艺苑篇》，全国干部培训教材《中国艺术》《外国艺术》《中华艺术通史》《艺术赏析概要》等著作中的建筑艺术部分。

此外，萧默还曾主编图书、辑刊、电视片及电子读物，包括《中国 80 年代建筑艺术》（获建设部全国优秀建筑图书荣誉奖）、《当代中国建筑艺术精品集》、论文集《敦煌建筑研究》、《中国大百科全书美术卷·中国建筑》（合作主编）、《中国艺海·建筑艺术编》、《中国美术年鉴·建筑艺术》、《建筑艺术欣赏》（3 集电视教学片）、《华夏古建筑》（20 集专题电视片）、《中国古代建筑艺术》（CD-ROM）等。

萧默一生发表论文 160 余篇，载于多种专业报刊。

研究工作之外，萧默主持或独立完成的规划和建筑设计约 30 项，其中包括"伊犁军分区医院""伊犁政治学院""莫高窟第三期加固工程""浙江余姚四明湖风景旅游区总体规划""庐山东林净土苑佛教文化区总体规划"等项目。①

---

① 参见赵玉春《回忆萧默先生》，《传记文学》2021 年第 11 期。

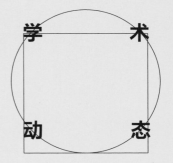

ACADEMIC
TRENDS

建筑

艺   术

多元与创新

——聚焦中国当代建筑艺术实践

黄　续　中国艺术研究院建筑与公共艺术研究所副研究员

内容提要：中国城市建设历经多年高速发展，逐渐由高速增长转向存量发展，在这个转型过程中，当前中国建筑的各个领域逐渐深入发展，各种类型的建筑和技术层出不穷。中国当代建筑师积极运用新技术和设计理念，从空间、结构、材料等方面，对建筑本体进行不断的推敲和探索，同时关注建筑与环境、建筑与文脉、建筑与城市的关系，思考中国本土建筑的特点，使得中国当代建筑艺术创作呈现多元与创新发展的趋势。本文分析总结近十年我国建筑领域的建设艺术实践工作，探讨当代建筑艺术的主要特点和发展趋向。

关键词：建筑艺术；新城镇建设；建筑创作

伴随着中国经济体的崛起和社会环境的变化，近年来中国建筑业逐渐从粗放增长向精细发展转变，强调数字化和 BIM 应用，加强建筑产品质量，大力发展装配式建筑和绿色建筑。自 2020 年以来受到疫情影响，建筑业企业利润总量增速放缓，困难与挑战加大，人们对人居环境以及生活品质提出了更高的要求，提供高品质、健康的生活和工作环境成为当前建筑和空间规划设计的新挑战和新契机。因此，现在的中国建筑越来越追求质量和品质，追求在城市既有存量的建设基础上进行优化。中国建筑作为一个与社会文化和生活紧密关联的领域，充分展示或隐喻了时代精神与风貌，当代建筑艺术创作呈现多元发展的趋势，关注建筑本体、关注环境及文化，关注绿色生态，设计往往深入日常生活的空间改造，以人为本，取得了具有突破性的成绩。中国当代建筑师在进行建筑创作的同时，也在进行着建筑设计理论的探寻与创新，不断进行本土化探索和新技术实践，出现了不少富有创意的建筑设计作品。

近年来建筑学界围绕"城市设计与有机更新""乡村振兴与田园综合体""信息化与智慧城市""建筑历史与遗产保护""绿色生态建筑""中国建筑的本土化"等主题，对当前城市化背景下中国建筑和城市出现的问题和发展策略进行了讨论和研究。在新型城镇化建设、城乡协调发展等视角下持续探讨中国城乡规划出现的一系列变化，城市发展的宜居性、生态性、协同性特征得到进一步凸显和加强。建筑设计在"中国文化""传承转化"，以及"乡村建设""空间改造"等主题的引领下继续进行富有成效的探索和创新，反思中国建筑文化的特质，探索当代建筑的价值及未来发展方向。中国建筑师的作品多次在国际建筑界获奖，逐渐成为国际上不可忽视的设计力量。本文聚焦 2012—2022 年中国当代建筑艺术实践，分析当代建筑艺术创作的发展脉络与趋向，以期为今后的学术研究与创作实践提供借鉴。

1 城市的有机更新与健康城市

随着城市建设发展日渐成熟，我国已经进入了城镇化发展的中后期，人口结构逐渐发生改变，需求更加多元化。2014 年出台的《国家新型城镇化规划（2014—2020 年）》提出：到 2020 年我国常住人口城镇化率要达到 60% 左右，户籍人口城镇化率要达到 45% 左右；在中西部资源环境承载能力较强的地区培育发展若干新的城市群；推进绿色城市、智慧城市的建设，推动形成绿色低碳的生产生活方式和城市建设运营管理模式等目标。2022 年党的二十大报告提出"打造宜居、韧性、智慧城市"。宜居、韧性、智慧是对高质量城市品质的高度概括，是人民对城市人居环境的集体诉求。因此我国的城市发展已迈入存量更新时代，土地资源短缺，盘活存量资源成为如今城市可持续发展中的新命题。

城市有机更新一直是近年来城市建设的热点问题，存量时代如何增强城乡活力的话题也得到规划界的重视。中国工程院院士崔愷在2019城市规划年会《存量发展中的城市设计——跨界思考与实践》报告中，通过城乡实践案例分析了存量时代建筑更新的问题，提出提升、织补、调整、集约四种城市设计方法，以城市维度思考存量更新。他提出城市设计可以结合城市发展进行调整，注重利用空间资源和挖掘潜力，非保护级别的老旧建筑应积极融入新的城市生活。米笑在其论文《竹丝岗，一座不断生长的无界博物馆》① 通过介绍扉建筑与扉美术馆近年来在竹丝岗的社区营造活动，梳理了其对日常公共空间的思考和艺术营造的实践。以扩展城市公共性、不造物设计、参与式设计的方式进行社区营造，加强人与人、人与场所的连接，是对城市更新手段的有益补充。张海翱、梁栋楠的论文《从拟物到共情：粟上海社区美术馆更新改造 城市双修语境下的有机更新策略研究》② 通过粟上海社区美术馆的两个有机更新改造案例，探讨了"从拟物到共情"这一设计策略，认为城市空间的有机更新策略不能局限于"物"之更新，更多地要借助社区营造与科学分析代入公众之"情"。南京小西湖保护与再生实践是近年来比较成功的历史街区有机更新的案例。项目采用"小规模、渐进式"的改造模式，对基础设施进行先行改造，以"院落和幢"为实施单位，对土地进行了整体有效利用，释放了院落空间，改善了基础设施，提升了街区活力，也磨合出了共生院、共享院、平移安置房等多种各具特色的改造。设计过程中从单栋的建筑的价值和功能入手，结合周围环境自然形成了丰富多样的街巷界面和建筑风貌，既保留了原有城市的肌理和历史文脉，也增加了空间的趣味性，为历史街区增添了活力。万路设计的南头古城活化与更新项目获得2021世界建筑节总体规划类优胜奖，建筑师根据南头古城实际情况提出了"城村共生"

---

① 米笑：《竹丝岗，一座不断生长的无界博物馆》，《建筑学报》2019年第7期。
② 张海翱、梁栋楠：《从拟物到共情：粟上海社区美术馆更新改造 城市双修语境下的有机更新策略研究》，《时代建筑》2021年第1期。

的文化理念设计，以"城市策展"的方式介入城市更新，从空间共生、文化共生、社会共生三个层面探讨城市更新策略，如尊重历史层积、轻改造微循环、古建活化保育、文化遗产新式复兴等。这种对城中村和老旧小区的改造不再是单一的拆迁重建或设施更迭，更多的是向既有环境注入新的活力，从技术手段上讨论旧改的可能性，用设计唤醒一座城市。

旧工业区复兴、老旧厂房等改造项目成为提高人们生活品质和激发城市活力的关键，这是城市更新改造中所呈现出的多元化载体形态与产业业态，中国建筑界在工业遗产价值评估与再利用方面也进行了更多的探讨和实践。2014年的中国建筑学会建筑创作奖建筑保护与再利用类金奖被授予了金陵博物馆。该博物馆矗立在南京老城南的历史风貌街区"老门东"西侧，由原南京色织厂厂房改造而成。这座包裹着穿孔金属板的工业建筑群组与周边的灰砖青瓦之海共同构成了一种异质的都市文化景观，这种异质性引发了对记忆与真实、统一与混杂、文脉与痕迹等问题的讨论和思考。筑境设计的首钢三高炉博物馆以"封存旧、拆除余、织补新"的设计策略，对北京首钢工业遗存改造，激活城市空间，获得了2021年ArchDaily中国年度建筑大奖冠军。项目设计保留了原有具有标志性的工业遗存，拆解不必要的构筑，保存专属于土地的城市集体记忆。同时把自然环境引入工业场地内，通过叠合不同场所来塑造公共空间，置入各种功能激发活力，打造城市生活的崭新组成部分。大舍建筑设计的边园也是一个成功的工业遗产保护利用设计案例。场地原本为煤炭卸载码头，是由工业用途转为城市公共空间的水岸更新项目。设计保留了原有的混凝土墙，并以此为基础，从基座、架构与遮蔽三个方面进行设计，形成了既分隔又联结的两种迥异的空间特征和景观体验。工业遗址与风景互相融合，既保持了原有的风景特质，又成为今日都市人群的休闲场所。

文化创意产业、装置艺术等正通过文化、艺术、时尚、购物等新元素反哺城市更新，激活着城市的历史文脉底蕴，试验着城市更新产业化的探索。同济大学徐磊教授组织的 408 研究小组着眼于小、微的空间格局设计，重点是社会空间的修复实践，如上海浦东金浦小区入口广场（塘桥社区公共空间）改造。浙江大学建筑设计研究院的徐渭艺术馆选址于昔日的绍兴机床厂旧址，汲取青藤书屋建屋造园之精髓，探讨"历史语境中的现代性"话题，尝试建立一种新的空间表达，既联结以传统民居小尺度为主的周边建成环境，又可以满足当代艺术展览对大空间的需求。上海黄浦江两岸的更新改造中针对历史建筑、船坞、塔吊等构筑物，以及历史环境整体开展风貌设计，强调多样化功能的重塑，植入创意、展示、演艺等文化功能，原有的工业厂房蜕变为文化时尚的新地标。其中上海西岸已经成为亚洲最大规模的艺术区，2021 西岸文化艺术季"西岸梦中心"先后上演了浸入式艺术现场、文创市集、音乐剧演出、运动赛事、时尚秀场等多种文化活动，将曾经的上海水泥厂打造成年轻时尚、融合多元文化的全新地标空间。

建设低碳宜居城市、健康城市是解决当前城市问题的主要策略之一。创新、协调、绿色、开放、共享的发展理念，已成为新时期城市建设发展的新要求。天津大学建筑学院运迎霞教授等在《可持续城市形态的哲学思辨》[1]论文中认为可持续城市形态研究应从生态智慧自然观、人文关怀人本观、整体思维系统观、与时俱进发展观、和谐共处平衡观、活力重塑空间观等方面进行系统的哲学思考，为健康城市设计提供了新的研究思路。上海浦东昌里园项目将中国园林的造园策略引入城市公共空间的更新之中，在高密度住宅区的边缘地带创造出了新的社区交往中心[2]，探索了园林介入城市的可能路径。海绵城市也是近几年来为了应对城市洪涝灾害而提出的一种

---

① 运迎霞、胡俊辉、任利剑：《可持续城市形态的哲学思辨》，《城市规划学刊》2020 年第 3 期。
② 参见朱琳《以园林介入城市　从园林视角解读上海昌里园的适应性更新策略》，《时代建筑》2022 年第 2 期。

应对措施，希望城市像海绵一样，在应对城市环境变化和自然灾害方面有很好的弹性，充分发挥建筑、道路和绿地、水系等生态系统对雨水的吸纳、蓄渗和缓释作用，有效控制雨水径流，实现自然积存、自然渗透、自然净化的城市发展方式。近年来俞孔坚对海绵城市研究颇深，他出版了专著《海绵城市——理论与实践》①，主持设计的哈尔滨群力公园、六盘水明湖国家湿地公园是海绵城市设计的典型案例。

2 乡村振兴与乡村营建实践

近十多年来，国家政策对于乡村地区建设和发展进行不断的引导与支持。党的十九大做出乡村振兴的重大战略部署。特色小镇、传统村落、绿色农庄等工程，成为新型城镇化的重要内容。2018年，中共中央、国务院印发的《乡村振兴战略规划（2018—2022年）》，按照产业兴旺、生态宜居、乡风文明、治理有效、生活富裕的总要求，涵盖城乡融合发展体制机制和政策体系，是融合经济社会发展、产业发展、村庄和基础设施建设和空间格局优化的"多规合一"规划。2019年国家继续扎实推进相关具体措施的实施，因地制宜开展农村人居环境整治，建设美丽乡村。

乡村振兴涵盖的内容比较多，建筑学术界就乡村振兴与乡土营建问题进行了多方面的研究，"美丽乡愁""生态宜居""田园综合体"等成为近年来提出的重要概念。比如《时代建筑》2019年第1期专题栏目"建筑师介入的乡村发展多元路径"，强调了现阶段建筑师在乡村发展中的重要作用，尝试通过一系列多角度、多层次的建造行动和社会活动持续性地参与乡村环境的改造、乡村经济的发展、产业的转型乃至文化的复兴。李朝阳、王东的专著《新时代背景下

---

① 俞孔坚等：《海绵城市——理论与实践》，中国建筑工业出版社2016年版。

乡村文化振兴与环境设计对策研究》^①以"城乡中国"为逻辑基点，着眼于当下乡村环境分化的现实，尝试建构乡村"分化"类型及乡村环境设计话语体系，有针对性地提出乡村环境"分化"类型的设计策略，为国家乡村振兴战略提供重要理论依据。蒋姣龙等学者的论文《上海大都市乡村意象设计研究——构建乡村空间意象五要素技术框架》^②引入凯文·林奇的城市意象理论，从道路、边界、区域、节点、标志5个方面构建大都市乡村意象技术框架，对于美丽乡村建设中的乡村空间更新和环境营造具有重要意义。计雨晨的论文《公共艺术介入乡村空间的双向赋能研究——以地域型艺术节"艺术在浮梁2021"为例》^③通过地域型艺术节"艺术在浮梁2021"，讨论了公共艺术介入乡村空间，通过多位艺术家设计公共艺术装置举办艺术节，为"乡村振兴"这一命题与艺术赋能乡村的实践之间建立了有效连接，从而提升了村落的活力。罗德胤、唐文的论文《从村中小路到公共空间——松阳平田村三角地的空间演变》^④以平田村的建筑改造为线索，探讨三角地如何自下而上地从村中小路发展成平田村最重要的公共空间，证明了小型空间在乡村振兴中的重要意义。

越来越多的当代建筑师从事乡土营建实践活动，探索相关的建筑设计策略和方法。2018年，在威尼斯建筑双年展上中国国家馆策划了"我们的乡村"的主题展览，主要展示了近十多年来中国建筑师的乡村建筑实践作品。中国当代的建筑师或艺术家通过建筑作品参与营建乡村环境，参与当地农民的生活，已经成为乡村建设的重要推动力。比如建筑师张雷及其研究设计团队近年持续推进的莪山

① 李朝阳、王东：《新时代背景下乡村文化振兴与环境设计对策研究》，中国建筑工业出版社2021年版。
② 蒋姣龙、周晓娟、范佳慧、陈晟顗、梅家靖：《上海大都市乡村意象设计研究——构建乡村空间意象五要素技术框架》，《上海城市规划》2022年第5期。
③ 计雨晨：《公共艺术介入乡村空间的双向赋能研究——以地域型艺术节"艺术在浮梁2021"为例》，《建筑与文化》2022年第8期。
④ 罗德胤、唐文：《从村中小路到公共空间——松阳平田村三角地的空间演变》，《新建筑》2022年第4期。

实践系列项目，面对不同的设计对象和地域环境特点，进行了有针对性的设计策略和实践。云夕深澳里书局的设计严格遵循历史建筑保护和再利用的基本原则。原有建筑景松堂为文保建筑，对其进行微调，用现代的材料和设备解决舒适性的问题。保留了原有鹅卵石垒砌的猪圈，把它改造成门厅和接待区，并加高二层作为办公区。崔愷设计的西浜村昆曲学社也采用轻微介入的有机更新策略，通过对乡村中的某一个点进行更新与改造，设计成昆曲研习所，进而活化了村落的昆曲艺术，带动周边的房屋、景观进行更新改造。土上建筑的甘肃马岔村民活动中心入围 2018 世界建筑节（WAF）设计大奖，设计师充分利用本土自然条件及潜在自然资源，研究实践更具在地性的建筑设计和营造方法。采用当地常用的生土，借鉴了当地民居传统合院的形式，利用地形和高差围合出一个三合院，这个项目的十余名当地村民既是建设者也是使用者，是整个项目施工建设的主体。SUP 素朴建筑工作室在奇峰村史馆的更新改造过程中，提出"无建斯建"的概念，即把原有队屋，通过整修和适度的改造，重新服务于村里的现代生活。改造策略以结构加固和外墙屋面的修复为主，对原有空间做减法，就地取材，尽可能用当地工匠熟悉的工法营建。香港中文大学建筑学院设计的高步书屋，采用侗族传统干栏式建筑特点，应不同空间、功能和形态的需要重新组织结构，实现了新旧的融合，为传统的材料和工艺注入了新的生命，获得了 2019 世界建筑节公民与社区类项目最佳设计奖。入围 2022 WA 中国建筑奖社会公平奖项目的松阳平田界首公共空间及民宿改造，引入水体，把建筑的设计与周边乡村的环境结合，在重建社区日常公共空间的同时带动叙事空间的文化生态旅游，为当前村落改造提供一种可行且有效的思路。

3 智慧城市与数字化设计

智慧城市成为中国新型城镇化的重要战略方向。智慧城市的本质是利用大数据、云计算及物联网等新一代信息技术来解决城市出现的各类问题，从而提升城市发展质量。2021年受新冠疫情、郑州大雨等突发事件影响，智慧城市受到社会各界的瞩目，推动新型智慧城市建设已经成为当前现代城市重塑发展新优势、抢占竞争制高点的战略选择。

随着智慧城市研究的不断深入，智慧城市的内涵和外延也不断拓展，出现了新型智慧城市、数字孪生城市等新内容和发展方式。李德仁的《数字孪生城市：智慧城市建设的新高度》[①]认为数字孪生城市是数字城市的目标，赋予城市实现智慧化的重要设施和基础能力。王伟、朱小川等的《信息革命与智慧城市规划》[②]以信息、大数据、规划理性为主线，创新地提出智能时代以群智理性为内核的城市规划新范式，有益于推动城市规划思想方法在生态文明时代的整体提升跨越。王建国、杨俊宴的《应对城市核心价值的数字化城市设计方法研究——以广州总体城市设计为例》[③]以广州总体城市设计为例，采用多源大数据分析方法对城市各维度展开研究，尝试建构总体城市设计的数字化方法体系，并从多个尺度对超大城市的总体空间形态、城市风貌进行管控。《城市规划学刊》2022年第2期策划了以"智慧城市热潮下的'冷'思考"为主题的学术笔谈，邀请各领域的专家学者共同探讨，其中华中科技大学建筑与城市规划学院教授刘合林强调需要回归"以人为本"的价值导向，促进智慧城市建设对"人"全面赋能，通过智慧城市建设增强人的信息感知能力和决策行动能力，是应对当前智慧城市建设技术导向的一种反思。

---

① 李德仁：《数字孪生城市：智慧城市建设的新高度》，《中国勘察设计》2020年第10期。
② 王伟、朱小川、叶锺楠、林燕：《信息革命与智慧城市规划》，中国建筑工业出版社2021年版。
③ 王建国、杨俊宴：《应对城市核心价值的数字化城市设计方法研究——以广州总体城市设计为例》，《城市规划学刊》2021年第4期。

中国当代建筑师积极探讨数字建筑设计及建造的理论和实践，有关学者就数字技术与设计方法的结合、数字技术与建筑产业的连接、数字技术对人性环境的支撑和数字技术的应用与实践等进行了深入的研究。《建筑学报》2019 年第 4 期特集为"人机共生下的建筑未来"，认为当代建筑学对数字技术的探讨逐渐从设计本身扩展到了"设计—建造"的全生命流程。新的数字建造技术为我们带来了建造体系的革新，进而在社会层面引发了整个建筑产业的升级。第八届深港城市 / 建筑双城双年展以"城市交互"为主题，把城市空间和技术创新结合起来，探讨城市化数字革命背后的问题，尤其是研究机器学习、人工智能和自动化等新技术对社区和城市空间产生的不可避免的影响，探索城市化和建筑的影响如何超越物质的边界。2022 计算性设计学术论坛暨中国建筑学会计算性设计学术委员会年会在东南大学无锡校区举办，论坛以"智能设计·数字建造·智慧运维"为主题。会上多位专家学者做了主旨报告，其中清华大学建筑学院徐卫国教授发表了题为《数字建构思想与方法》的主旨报告，认为数字建构是智能建造、数字建造最为核心的理论基础。东南大学建筑学院李飚教授发表了题为《场、域与类型的数字解读》的主旨报告，通过近年来相关研究的分享，展示了对空间场、域和类型三个建筑学概念的数字化转译方法。南京大学建筑与城规学院吉国华教授发表了题为《AI+ 性能化建筑设计》的主旨报告，从性能化建筑设计和人工智能技术的背景，对近年来智能合成、智能评价、智能优化的相关研究进行了综述。这些最新的研究成果展示了中国当前在生成设计、数字建造、智慧运维及建筑设计实践领域的最新动态，推动了计算性设计理论体系、方法策略、技术工具和工程实践的可持续发展。

数字建筑的应用实践方面也获得了不错的进展。数字建筑具有标志性质的实践为 2014 年凤凰国际传媒中心的建成，这是国内首次在真正意义上全面应用数字技术进行设计和建造的大型公建项目。

哈工大建筑学院孙澄教授等人的《建筑自适应表皮形态计算性设计研究与实践》①提出建筑自适应表皮计算性设计方法并应用于实践，有效提高了建筑自适应表皮运行能效。东南大学华好等人进行了一系列木构建筑的性能化与自动化实践，讨论了木构中点、线、面元素的多重角色，包括其空间性能、结构力学性能、构造性能，将空间设计、结构分析与优化、细部构造设计、加工与建造统一起来。袁烽教授在《建筑智能——走向后人文主义时代的建筑数字未来》②一文中探讨了建筑智能融入建筑学的思维方法、工具平台以及设计流程等，认为机器建构重塑人们对建筑产业化发展模式的认知，以人机协作为核心的一体化建造方式实现了面向性能与材料的精确制造，需要在后人文时代重建人文主义精神。袁烽教授近年来主持设计的一系列数字化建筑设计实践正是这些思辨和研究的设计成果。四川竹里的乡村建设项目是数字化参数设计与当地木构工艺结合的实践探索，将传统营造技艺与预制工业化等不同层面的问题融合。乌镇"互联网之光"博览中心，围绕从生形、模拟、优化到建造的设计过程控制，形成了数字建造的一体化方法。2021年投入使用的上海徐汇西岸三港线游客集散中心，运用了数字化架构，营造不同的空间质感。整个项目采用了模块化的预制建造方式，在数字孪生的"设计—建造"技术的支持下，实现了虚拟模型与建成结果之间的高度拟合。2022年，袁烽教授团队牵头研发的元宇宙3D打印机亮相世界机器人大会，融入虚实共生理念，实现"可想即可造"，成为元宇宙时代智能建造的重要设施。

---

① 孙澄、韩昀松、王加彪：《建筑自适应表皮形态计算性设计研究与实践》，《建筑学报》2022年第2期。
② 袁烽：《建筑智能——走向后人文主义时代的建筑数字未来》，《世界建筑》2022年第11期。

4 建筑遗产保护的不断深化与国家文化公园建设

近年来，建筑遗产保护成为建筑界的重要命题。习近平总书记关于文物工作重要论述和指示批示精神内涵丰富，为确立新时代文物工作方针奠定了理论和实践基础。2022 年全国文物工作会议确立"保护第一、加强管理、挖掘价值、有效利用、让文物活起来"的新时代文物工作方针，集中体现了习近平总书记关于文物工作重要论述精神。2014 年 6 月 22 日，第 38 届世界遗产大会宣布大运河和丝绸之路两个项目成功入选世界遗产名录，历史与文脉作为城市存续与发展的重要指标被纳入城市设计的考量中。从 2017 年起，每年 6 月的第二个星期六为我国举办"文化和自然遗产日"，其前身是"文化遗产日"，由住建部、文化部、国家文物局等部门牵头，每年以不同的主题、各有侧重地开展形式多样的宣传展示活动。2019 年 7 月，良渚古城遗址被列入世界遗产名录，成为中国第 55 项世界遗产，中国成为拥有世界遗产数量最多的国家。

中国的文化遗产保护理论在价值认识、保护原则、合理利用等多个方面都有了很大的发展，"以人为本"的保护理念逐渐深入人心。《建筑学报》2017 年第 1 期以较大篇幅报道了金陵大报恩寺遗址公园规划设计。金陵大报恩寺遗址公园（一期工程）主要由东南大学组建的设计团队，经历 12 年规划和设计而成，印证了对于遗产保护理解以及对于历史文化传承认知的不断深化历程。陈薇教授以侧记的方式，展现了历史研究作为重要的一环，始终贯穿在该项目的推进过程中，同时在文中讨论了遗产保护与历史文化传承所涉及的诸多问题，并提出了严格保护、叠合历史、衔接现状、科学发展的宽广思路。

崔愷主持的祝家甸村砖厂改造项目是建筑遗产保护的成功实践，获得 2017 —2018 年度建筑设计奖建筑保护与再利用类金奖。该项目为振兴祝家甸村和传统工艺，将砖厂改造成一座金砖文化的展示馆。设计师提出了"安全核"的概念，在保持旧砖厂外观基本不变的情况下植入三个"安全核"，这些核直接放在旧砖厂二层的地面上，并联合形成支撑体系，共同承载屋面的荷载，这是个非常大胆的构想。李虎的OPEN建筑事务所设计的上海油罐艺术中心也是当前工业建筑遗产保护与利用的佳作。艺术中心由曾服务于龙华机场的一组航油罐改造而成。五个油罐的功能和改造策略极为不同，它们分别被设计为一个音乐表演空间、一个餐厅和三个各具特色的展览空间。OPEN将五个独立的油罐用一个"Z"形的"超级地面"连接起来，"超级地面"之上是高低起伏的草坡，之下是灵活连通的室内展览与服务空间。改造后的油罐区域成为公园与美术馆融合的新地标，以其开放包容的姿态打破建筑的边界，塑造充满活力的城市文化景观。

文化公园的建设成为当前文化遗产保护的焦点。2019年12月，中共中央办公厅、国务院办公厅印发《长城、大运河、长征国家文化公园建设方案》，文物保护专项规划纳入国土空间规划体系。2021年8月，国家文化公园建设工作领导小组印发《长城国家文化公园建设保护规划》《大运河国家文化公园建设保护规划》《长征国家文化公园建设保护规划》，国家文化公园建设不断推进。在国家文化公园建设中，强调其文化属性，突出各类文化资源与自然资源综合保护，并将利用与传承作为重要的内容加以凸显，其目标是形成具有特定开放空间的公共文化载体，彰显中华文化的引领和标志作用。中国艺术研究院建筑与公共艺术研究所2021年起相继主办了"长城遗产保护""长城研究与保护""大运河国家文化公园保护与建设论坛"等多个主题论坛，在业界广受好评。论坛主要围绕文化遗产保护和国家文化公园建设等议题展开，讨论当前国家文化公园建设存在的问题与不足，探讨遗产保护的建设模式、体制机制与开放利用程度模式等问题，助力国家文化自信和话语体系的建设。

我国在传统建筑营造技艺的保护与传承方面也取得了很大进

展，成立了很多相关组织机构和研究机构，开展一系列学术探讨和培训工作。近年来持续开展中国非物质文化遗传传承人群研培训计划，在北京、甘肃等省市相继开办传统建筑营造技艺普及培训班。

5 中国建筑本土实践的不断探索

　　针对全球化浪潮和西方文化的侵袭，近年来中国建筑师从本土出发，重新审视自身的文化传统，探索建筑与环境、地域、文脉的关系，关注建筑的本体议题，从空间、结构、材料甚至建造上，呈现中国本土建筑的特点，不断创新，寻找一种既在当地现实可行、自然恰当，又能够真实接近当代的建筑美学理想。

　　中国建筑师对中国文化传统的理解和实践在不断深入。王澍在《我们需要一种重新进入自然的哲学》[①]一文中对中西方看待人与自然关系的不同有这样的论述："在西方，建筑一直享有面对自然的独立地位，但在中国的文化传统里，建筑在山水自然中只是一种不可忽略的次要之物，换句话说，在中国文化里，自然曾经远比建筑重要，建筑更像是一种人造的自然物，人们不断地向自然学习，使人的生活恢复到某种非常接近自然的状态，一直是中国的人文理想。"[②]他提出"重建一种当代中国本土建筑学"的主张，即追求建筑设计的"自然之道"，王澍在 2020 年年底"自然建造"颁奖会上对于"自然建造"这一主题解释为"通过寻找建造诗意重返自然之道，探寻中国本土当代建筑中的相似及相关理念"。他设计的中国美术学院象山校区通过营造"面山而营"的差异性院落格局，诠释出园林和书院的精神。在营建过程中，采用了大量当地旧建筑材料砖头、瓦片、石头等，探索了以低廉的造价和快速建造进行中国本土营造

---

① 王澍：《我们需要一种重新进入自然的哲学》，《世界建筑》2012 年第 5 期。
② 王澍：《造房子》，湖南美术出版社 2016 年版，第 83 页。

的方式。董豫赣在实践中尝试将传统建筑语汇同现代建筑结合，他设计的清水会馆在设计中融入了研究中国园林乃至中国传统文化的体会，形成了一种特别的空间安排方式，体现了中国传统园林的韵味。葛明则直接提出"园林六则"的园林方法设计建筑，进行了专项的设计研究探索。他的微园的设计，通过对房中"空"的追求带来不同的想象空间。李兴钢 2020 年的建筑个展名为"胜景几何"，探索"与自然交互的建筑"，追求一种"人类现实理想生活空间"。他近两年设计的安徽绩溪博物馆是他对地域历史文化和现代技艺的思索和尝试。朱锫设计的景德镇御窑博物馆，是他最近对"自然建筑"的一次尝试。朱锫认为自然是一种态度，建筑应该回应自然，而不是模仿自然。景德镇御窑博物馆以废弃的窑砖打造东方拱券，窑砖的时间与温度的记忆，塑造出窑、瓷、人的血缘同构关系。

同时，更多的中国当代建筑师从实际出发，注重新技术实践，把本土设计与地方材料、适用技术结合。如崔愷提出"本土设计"的观点，认为建筑应该植根于本土文化中，注重绿色科技的发展，让建筑回归自然，运用理性主义设计原则，把建筑语汇和具有场地代表性的代码结合形成建筑特色。从他早期的敦煌市博物馆到近年来的世界园艺博览会中国馆、雄安设计中心改造、西浜村昆曲学社、中车成都工业遗址改造项目都体现出其不断趋于成熟的本土设计策略，这是在理性主义方法指导下更具有综合性和灵活性的设计策略表达，即在有效解决现实问题的同时，保持本土地域特征的传承与建筑的内在逻辑的一致性。刘家琨则采用低技策略进行适应性设计，他关注地方文化和自然，早年设计的鹿野苑石刻艺术博物馆，在建筑构思上经常会从一些字面或画面上的"意向"出发，不是将其转化为具体的建筑符号，而是找到其直接对应的建筑材料，从而保证他的设计绝大部分是在材质、建造、体量、空间、气氛和意境等抽象层面上展开。获得 2017 年阿尔瓦·阿尔托奖的中国建筑师张轲，善于使用当地的建筑材料和技术，以及回收利用旧建筑的废弃材料，使建筑融入周围环境，创造出景观与建筑之间的和谐关系。他的设计作品西藏娘欧码头，把带有地域风格的西藏人文建筑和自然环境结合起来，庄重神秘。

此外，很多青年建筑师的本土创作实践具有创新精神。如马岩松主持设计的海口云洞图书馆，被《泰晤士报》评为"2021全球最值得期待建成的作品"。整个建筑由白色混凝土一体浇筑成形，面朝大海，内外合一，形成多个半室外空间和平台。卷曲的混凝土墙体，大大小小的孔洞，将自然光线引入空间的深处。马岩松阐述自己的设计理念时说，"最主要的是想设计一个'小建筑中有无穷空间的'建筑，这个空间又跟遥远的自然有一种对话"，他认为这种建筑能够催生我们对自然的新的观察角度，在一个空间套一个空间的"孔洞"里，对内外空间有新的感受和认识。这是马岩松对自然和文化传统的思考和继承。华黎设计的高黎贡手工造纸博物馆，是一个由几个小体量建筑组成的建筑聚落，如同一个微缩的村庄。设计采用当地的杉木、竹子等低能耗、可降解的自然材料来减少对环境的影响。Gad设计的昆明山海美术馆位于昆明市西翠峰生态公园，景观资源极佳。建筑师把美术馆进行了拆解设计，将美术馆各空间随形就势散布，与石林共舞，形成多重关系的聚落，塑造具有雕塑形态的艺术馆，并且通过塑造不同点位的框景，使展陈与环境叠加相融，营造了丰富的空间体验与艺术美感。IAPA设计的朝花夕拾生活馆，位于长城脚下饮马川—拾得大地幸福实践区，通过格式化的类似工业的单元，形成内外交错、大小不同的院落，拼合出具有传统意象的园林建筑空间，使得建筑与外景融为一体。凯达环球设计的西交利物浦大学行政信息楼，设计灵感来自著名的太湖石。太湖石天然自若的形态代表着中国文人对自然的理想化的诠释，故也被称作"学者之石"。建筑根据太湖石的独特的孔洞结构设计，被多个室外中庭空间联系起来，形成多种功能，内部的空间因暴露而有了新的意义，并与周围环境的有了更加密切与直接的关系与互动，吸引人们徜徉其中。

当前建筑表皮呈现出多元化的形态特征和建构方式，有的建筑师关注绿色节能、数字化技术等应用于表皮的创新和实践。如建筑师使用天然材料和可自然降解、可循环使用的材料来建造建筑表皮，以节省不可再生的材料资源、减少不可降解材料对环境的负面影响。叙向建筑设计的阳朔竹林亭台楼阁，利用竹子的生长习性和其生长过程中形成的空间形态，将其重新配置以形成新的空间。在建造的过程中吸取了当地的手工编织文化，"竹灯未央"构筑了手工竹编制成的灯笼结构空间，"手工竹艺长廊"形成高低错落的"竹网"步行区域，充分利用竹条材料，并将建筑与自然竹林环境融合。该项目获得了 2021 ArchDaily 全球年度建筑大奖中的构筑物类大奖。也有的建筑师将老街区改造中建筑表皮继承和再造设计作为关注焦点，不是简单地以新材料或者装饰替代建筑旧表皮，而是将建筑表皮放在整个街区进行改造和设计，加强对建筑表皮继承与再造设计的分析和研究，实现对城市特色和地域文化的彰显和传承。

6 绿色建筑与可持续发展战略

随着当前城市的高速发展和环境的不断恶化，绿色建筑已经成为未来建筑发展的主要方向，各种类型的绿色建筑不断涌现。2020年 9 月 22 日，习近平总书记在第七十五届联合国大会一般性辩论上发表重要讲话，表示我国"二氧化碳排放力争于 2030 年前达到峰值，努力争取 2060 年前实现碳中和"。建筑行业作为占全国能源消费总量约五分之一的"能源大户"，低碳和节能已经成为未来建筑发展的必然趋势。未来发展的重点应该是零碳建筑科技和既有建筑的升级改造，如提升低排放建筑的标准和运营水平，加快推动超低能耗、近零能耗和零能耗建筑等。绿色生态建筑更加关注人的需求，在建筑设计、建造和使用中充分考虑环境保护和节能的要求，遵循可持续发展理念，将建筑物与环保、高新技术、能源等结合起来，在有效满足各种使用功能的同时，有益于使用者的身心健康，塑造舒适健康的居住体验。

北京冬奥会场馆就是绿色建筑的佳作，它的规划与设计建造采用了可持续发展策略，在绿色低碳、生态环境、基础设施、城市更新等方面都提出了具体措施。北京冬奥会场馆选址崇礼和首钢工业园区，都属于工业遗产场地，赛事有利于当地产业的转型和环境的改善，推动当地的绿色建筑发展。其中国家速滑馆又称"冰丝带"，外形上，它由22条晶莹美丽的"丝带"状曲面玻璃幕墙环绕，与明亮剔透的超白玻璃相结合，形象轻盈灵动，达到了结构体系和绿色节能技术的相互统一。它的设计概念来源于针对冰上场馆的可持续策略：首先，是建立集约的冰场空间以控制建筑体积，实现节能运行；其次，采用高性能的钢索结构、轻质屋面、幕墙体系以节约用材，建筑采用世界跨度最大的单层双向正交马鞍形索网屋面，用钢量仅为传统屋面的四分之一；最后，使用可再生能源，降低温室气体排放等。从数字模型开始，三维信息持续贯穿于设计计算、工艺构造、模拟实验、生产制造、现场安装、健康监测和运行维护等全过程。[①]崔愷院士主持设计的2019中国北京世界园艺博览会中国馆中采用了绿色建筑的设计方法，采用符合本土理念的材料及适用技术，把场馆设计成半环形，以圆满温润的轮廓融入场地，环山抱水，与园区山水格局相协调，是整个园区景观脉络的延续。中国馆设计中选择适宜的绿色技术，如覆土、强化室内自然通风、光伏系统、雨水利用等，一方面可以有效节约运营成本，另一方面有很强的实用功能。

绿色生态建筑不仅要节能，满足人的生理需要和身体舒适度要求，还需要满足更深层的精神需求，即注重重塑建筑的精神，寻找支撑建筑自然性的文化渊源和情感归属，把城市和自然有机结合起

---

① 参见郑方《国家速滑馆：面向可持续的技术与设计》，《建筑学报》2021年第Z1期。

来。建筑师李晓东设计的篱苑书屋就体现了这类建筑的特征。该作品在与自然相配合的前提下，通过人造的场所环境将大自然凝聚成为一个有灵性的气场，水边栈道、平展的卵石、篱笆围合的空间，以及光影的交织与变化，体现出人与自然的和谐共处。形体的简单不妨碍对话的丰富，步移景异透射出的是对传统的当代诠释。土人设计的三亚红树林生态公园恢复了先前被摧毁的红树林，利用场地内落差，建立一系列的台地和生态廊道系统，同时设计高低错落的步道、平台等公共空间，为身处高密度城市中的居民提供了一处绿色生态步行游憩区。红树林生态公园不仅使生态得到了恢复，也成为市民公共休闲的场所，达到了城市与生态的和谐共生。

面对当前城市建设向存量变化的新趋势，通过对2012—2022年中国建筑规划各界的实践、理论及相关活动的梳理，我们可以看出当前城市建设持续关注城市的有机更新和健康城市，新基建的大力发展为智慧城市注入了新的活力，同时乡村振兴与乡村营建实践也得到蓬勃发展。建筑创作整体上还呈现多元创新发展的局面，中国当代建筑师在建筑实践中不断进行本土化探索和新技术创新，遵从文脉、场所精神，以及文化性、生态多样性等原则，绿色智能成为当前建筑设计的重要内容，各类相关活动和会议蓬勃发展，相关学者针对当前建筑热点问题做出既具有国际视野，又注重本土实际的理想探索和创新，这对我国建筑创作的内涵提升具有重要参考价值。

建筑与公共艺术研究所发展史

杨莽华　中国艺术研究院建筑与公共艺术研究所研究员

黄　续　中国艺术研究院建筑与公共艺术研究所副研究员

张　欣　中国艺术研究院建筑与公共艺术研究所副研究员

1　概况

建筑与公共艺术研究所是中国艺术研究院专门从事建筑艺术与建筑文化研究的学术机构，前身为 1988 年组建的建筑艺术研究室，萧默担任研究室主任。2001 年机构调整改革，建筑艺术研究室升级为建筑艺术研究所，顾森担任所长，刘托、王明贤、韦明为副所长，2007 年刘托任所长。2019 年，建筑艺术研究所更名为"建筑与公共艺术研究所"。现任所长田林，副所长杨莽华，现有在职研究人员 10 名，其中研究员 3 名，副研究员 4 名，设有《中国建筑艺术年鉴》编辑部。

建筑与公共艺术研究所侧重建筑艺术与建筑美学基础理论和中外建筑历史研究，并涵盖文化与自然遗产保护、历史地段与文物建筑保护、非物质文化遗产保护、环境与公共艺术等相关领域的研究。建筑与公共艺术研究所注重以文化视角阐释建筑历史，参与文物建筑的保护规划和设计实践，并关注当代中国建筑创作现状和趋向，同时致力于在建筑界与文化界、学术界及社会公众之间搭建起对话的平台和互通的桥梁。

2 发展历程

2.1 创建成长期（1988—1999）

1988 年 7 月，建筑艺术研究室作为院属独立研究机构正式成立，萧默先生担任研究室主任。建研室创建之初便成功举办了"中国 80 年代建筑艺术优秀作品评选活动"，在社会上引起很大反响。先后编撰出版了《中国美术通史·建筑艺术史》《中国 80 年代建筑艺术》《隋唐建筑艺术》《中国建筑艺术史》等颇具影响力的著作，填补了相关研究领域的空白。萧默先生发轫于敦煌建筑研究，他出版的《敦煌建筑研究》《萧默建筑艺术论集》《中国建筑》等专著，在建筑艺术研究领域具有重要影响，其研究成果和学术积累也为建筑艺术研究室未来发展奠定了基础。

2.2 发展稳定期（2000—2006）

2001 年 8 月，建筑艺术研究室更名为建筑艺术研究所，顾森任所长。其间王明贤调入并担任副所长，创办并组织编辑《中国建筑艺术年鉴》，特邀王文章院长担任主编，王明贤担任执行副主编。每年召开中国建筑艺术论坛和《中国建筑艺术年鉴》新书发布会，在学界产生广泛的影响力。此外，建筑艺术研究所还承担了国家重点社科项目"西部人文资源调查及数据库"中的"人文景观"和"民居"两个子课题、国家社科课题"全国红色旅游景区建筑与环境艺术的调研与开发"（2006—2009）。顾森同时兼任中国汉画学会会长，出版了《中国传统雕塑》《中国汉画图典》《中国美术史·秦汉美术卷》等专著，在美术史和汉画研究领域颇有建树。

2.3 建立完整的学术体系（2007 年至今）

2007—2017 年，刘托担任建筑艺术研究所所长，面向新时期社会发展方向，有针对性地展开了对传统建筑文化、现当代建筑评论和非物质文化遗产等领域的研究。建筑艺术研究所于 2008—2013 年承担院重点课题"中国传统建筑营造技艺三维数据库"，2013 年出版了国家图书出版基金资助项目《传统建筑营造技艺》丛书（第一辑 10 册），具有重要学术价值。2016 年出版"中国传统建筑营造技艺多媒体资源库"U 盘，列入"十二五"国家重点电子出版物。建筑艺术研究所先后承担了文化和旅游部文化艺术科学研究项目"汉画像石、画像砖建筑装饰艺术研究"(2015)、"塔尔寺酥油花研究"（2016）、"非物质文化遗产保护的市场化、产业化研究与途径"（2016），以及国家社会科学基金艺术学项目"贯木拱廊桥传统营造的文化价值研究"（2017），成为国内传统建筑文化和营造技艺研究的重镇。

建筑艺术研究所这一时期的个人研究也取得丰硕成果。刘托长期从事建筑历史与理论的研究，出版了《建筑艺术》《园林艺术》《濠镜风韵——澳门建筑》《皇陵建筑》《中国建筑艺术学》等专著；王明贤对新中国美术史、建筑美学、中国当代建筑有专门研究，出版了《中国建筑美学文存》《当代建筑文化与美学》等专著。此外，建筑艺术研究所还出版了《园林建筑与中国文化》、《中国艺术与文化》、《艺术博物馆》、《欧式建筑细部设计法则》、《世界佛教建筑概述》、《风水研究现状调研与分析》（该书获得 2015 年中国艺术研究院优秀成果奖）等专著和译著，在学术界具有一定的影响力。

2018—2020 年，建筑艺术研究所由杨莽华主持工作。建筑艺术研究所承担了 2019 年院级课题"中国现代建筑艺术史""传统建筑与中国文化大系"及"文化遗产聚集区文化生态调查与保护研究"，对中国建筑文化传统和遗产保护进行深入探讨和系统研究。

2020 年至今，田林担任建筑与公共艺术研究所所长，全所同仁紧跟形势，向内挖潜，拓展研究视野。新立项院级课题"中国明清官式木作修缮技艺传承与发展研究""长城、大运河和长征三大国家文化公园建设与管理体制机制研究"；承担科技部委托国家文物局科技支撑项目"中国历史建筑保护与修复史研究"。出版了《建筑遗产保护研究》《福建贯木拱廊桥》《大运河遗产保护理论与方法》《园林建筑体系文化艺术史论》《礼制建筑体系文化艺术史论》《古代寺院建筑与中国文化》《营造技艺的传承密码》《文化史迹保护方法与实践研究》等著作。举办"中国建筑艺术与遗产保护论坛",第一期"文旅融合背景下文化遗产保护与开发利用模式创新研讨会"于2020年12月召开并出版论文集,迄今已举办11期。定期出版所刊《建筑艺术》。

3 学科建设

2020年根据"十三五"规划和定岗定编方案,建筑与公共艺术研究所设立了四个研究方向:建筑历史与建筑艺术研究、建筑遗产保护与非物质文化遗产研究、建筑评论与创作理论研究、城市空间与公共艺术研究。

建筑历史与建筑艺术研究主要是开展中外建筑历史、建筑艺术及建筑美学基础理论研究。建研所先后组织编撰《中国大百科全书·美术卷·中国建筑分支》、《中国美术年鉴》(建筑部分)、《中国大百科科学技术史卷·建筑卷》等图书,获得学界广泛好评。2016年受文化部外联局委托,承办"中国—黑山古村落与乡土建筑展",对中国传统村落和乡土建筑进行了全面展示,阐述了中国独具特色的传统建筑美学。

在建筑遗产保护与非物质文化遗产研究领域,建筑与公共艺术研究所主要开展了建筑遗产保护理论与实践、建筑营造技艺及相关文化习俗研究。建研所作为联合国教科文组织人类非物质文化遗产代表作名录"中国传统木结构建筑营造技艺"申报和履约单位,以及国家级非物质文化遗产代表作名录"北京传统四合院营造技艺"申报和保护单位,近年来积极开展中国传统建筑营造技艺保护的研究工作，并以此为平台与社会各专业机构开展相关非物质文化遗产保护的学术交流，开展多项保护规划的研究与编制，参与国内各地非遗园区建设的咨询策划，完成一系列文物保护规划项目。

2009—2010 年，受非遗司和非遗中心委托，编制了《香山帮传统建筑营造技艺保护规划》《贵州西江苗寨吊脚楼传统营造技艺保护规划》《青海塔尔寺酥油花制作技艺保护规划》。2011 年以来建研所为配合中国工艺美术馆和中国非物质文化遗产馆场馆建设，开展了"中国工艺美术馆展陈研究"和"中国非物质文化遗产馆展示研究"课题，系统研究非物质文化遗产展陈设计的特点和方法，对两馆展陈设计进行了理论探索，编写了两馆展陈大纲。2017 年立项院级课题"非物质文化遗产的活态展陈研究"，2022 年立项院级课题"非遗展陈背景下北京四合院传统营造技艺活化利用研究"，2023 年出版《中国非物质文化遗产活态展陈》。

在大运河研究和遗产保护方面，2021 年北京市文物局与中国艺术研究院共建"大运河文化研究中心"。建研所承担了北京市文物局"北京古桥调查及档案编制""大运河北京段文化遗产测绘大系：古桥建筑与相关庙宇""'京杭对话'论坛"三个横向课题；立项"大运河古桥测绘大系——浙江段古桥测绘与营造技艺研究"院级课题。2021—2022 年在《传记文学》先后组织发表长城、大运河两个专辑。

在建筑评论与创作理论研究领域，建研所持续关注中国当代建筑创作实践，自 2003 年以来编辑出版《中国建筑艺术年鉴》（以下简称《年鉴》），迄今已经出版十余期。这是一部关于建筑艺术及文化的大型年鉴，我国建筑界、艺术界、文化界的 60 余名权威专家出任顾问和编辑委员会委员。《年鉴》全面记载中国建筑艺术的发展状况，精选论文和设计作品，兼具学术性、权威性和前沿性。《年鉴》的主要栏目有：优秀建筑艺术作品、建筑艺术研究、建筑焦点、海外掠影、建筑艺术论文摘要、建筑书目、中国建筑艺术大事记等。《年鉴》是建研所与建筑界、设计界的联系纽带，出版以来受到广泛关注和好评，为建研所长远发展奠定了良好的基础。

自 2015 年起建研所每年撰写"中国建筑艺术年度发展报告"，评析当年建筑艺术领域的现状，研究年度建筑热点和发展趋势。2019 年举办了"回顾 70 年建筑创作及建筑文化遗产保护成就论坛"，聚集了国内外知名建筑设计专家与学者，探讨 70 年中国建筑创作和历史理论研究取得的成就，回顾我国建筑文化遗产保护事业的发展。2020 年出版《回顾七十年建筑创作及建筑文化遗产保护成就论文集》。

城市环境与公共艺术研究方面，建研所主要开展了城市空间、公共环境、景观园林、建筑室内设计及公共艺术等领域的研究。面对当前城市化进程，2006—2007 年建研所受郑州市政府委托，承担了"郑州中部艺术都市"课题研究，组织国内相关专家调研论证，为推进中国当代城市艺术建设和提高城市空间的品质做出了贡献。2006—2009 年，建研所组织专家对全国 100 多处红色旅游景区进行调研，提出建筑和环境艺术在红色旅游景区开发中的重要意义和策略，圆满完成了国家社会科学基金艺术学项目"全国红色旅游景区建筑与环境艺术的调研与开发"。2010 年承担院内课题"风水研究现状调研与分析"。

4　公共教育

建筑与公共艺术研究所参与了中国艺术研究院研究生院研究生培养工作，现有三位研究员和研究馆员（含退休）具有博士研究生导师资格，参加研究生院设计艺术学系的招生和教学工作，已培养了数十名硕士和博士研究生。

近年来，建研所配合文化和旅游部与中国艺术研究院，积极参与中国非物质文化遗产传承人研修研习培训计划。2010 年以来，建研所组织和参与了北京首都博物馆传统建筑营造技艺讲座、国家图书馆文津讲堂、传统技艺项目进入中小学课堂等活动，积极推动非物质文化遗产进校园、进社区。2016 年 10 月，建研所参与主办的首届"全国砖雕艺术创作与设计大赛"在北京建筑大学启动，促进了砖雕技艺的传承和人才的培养。2020 年出版了《记住乡愁——留给孩子们的中国民俗文化》之《传统营造专辑》丛书。

建研所主持研发的"托宝"组合式仿真建筑模型获得 2007 年第二届北京文博会银奖、2009 年第三届文化部创新奖，促进了传统建筑知识的普及。

5 结语

70 年来，中国艺术研究院人才辈出，风雨兼程，建筑与公共艺术研究所也走过了 35 个春秋。在先贤的感召下，我们理应锐意进取，紧贴时代脉搏，不断挖掘潜力，拓展深度和广度，用不懈的努力书写无愧于院史的新篇章。

《建筑艺术》征稿函

《建筑艺术》由中国艺术研究院建筑与公共艺术研究所主办，设建筑历史、建筑理论、建筑艺术、建筑评论、遗产保护、营造技艺、公共艺术、国家文化公园、学术史、学术动态等主题栏目。特向海内外学者、业内专家征集选题前沿、观点创新、论证扎实、逻辑严谨的稿件，投稿事项如下：

1. 稿件请发 Word 版电子稿至本书唯一投稿邮箱。提供内容摘要（250字以内）、关键词、中文标题，以及作者个人信息，并请尽量提供与文章内容相关的图片资料（有版权的原图）。如有基金项目资助，请注明基金名称及项目编号。

2. 本书编辑部对决定采用的稿件有权建议或直接删改，不同意删改者请在来稿时申明。确定收录后，作者需按照编辑部提供的论文格式要求（含参考文献及注释体例）进行调整。

3. 请勿一稿多投，收到稿件 2 个月内会通知作者是否采用。来稿一经出版，即奉样书 2 册。

4. 稿件一经收录，该文全体著作权人的专有出版权、发行权、汇编权、数字化复制权、信息网络传播权即授权予本书，由此所发生的各项问题于本书出版时已解决。由作者原稿（包括图片）引起的侵权纠纷，以及因此造成本书编辑部及出版社的经济损失，则由原稿作者承担全部责任。

5. 投稿作者请在文末附上联系方式，以便联系文章修改、发表和论文寄送等事宜（仅用于联系，不会在发表时公开）。

投稿邮箱：zgjzys@126.com

编辑部电话：010-64813402

《建筑艺术》编辑部